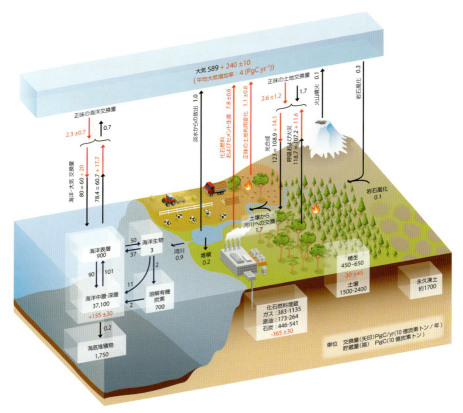

口絵1　地球規模での炭素循環
本文184ページ参照．出典：IPCC WG1第5次評価報告書

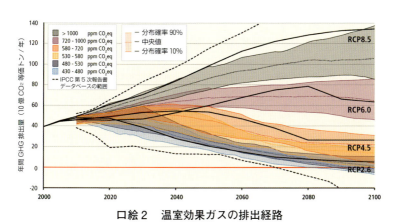

口絵2　温室効果ガスの排出経路
本文189ページ参照．出典：IPCC WG3第5次評価報告書

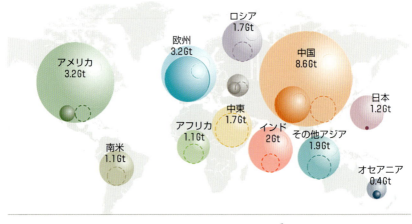

口絵3　エネルギー起源 CO_2 の地域別排出
本文203ページ参照．出典：IEA（2015a）Special report on energy and climate change

口絵4　持続可能かつ近代的なエネルギーへのアクセス
左：最新鋭のクリーン石炭火力発電所．本文71ページ参照．資料提供：電源開発（株）
右：無電化地帯での太陽光発電．本文119ページ参照．資料：UNDP

UNDERSTANDING THE ENERGY TRANSITION

ニュースが面白くなる

エネルギーの読み方

堀　史郎【著】
黒沢厚志

共立出版

はじめに

　エネルギーについて，いろいろな問題が表面化している．現在，我々はエネルギー問題の歴史的な転換の中にいるといってよいだろう．新しいエネルギー供給やサービス形態の登場や社会制度の変革など，エネルギー産業に限定した問題からより幅広いビジネスの世界までエネルギー問題を考える機会が増えている．このような中で，表面的な事象の理解にとどまらず，エネルギーの仕組みや制度から問題を考えていくことが求められている．

　東日本大震災とそれに続く福島第一原発事故は，エネルギー問題が大きな転換点にあることを知らしめた．それは，消費者が好きなだけエネルギーを使い，それに対応してエネルギー供給者が供給を考えていくという構図からの脱却である．そして福島第一原発の事故は，原発の在り方のみならず将来のエネルギー需給の姿を再検討させた．

　エネルギー資源の分野では，シェールガス，シェールオイルの革新的な技術の導入がアメリカを最大の産油国に押し上げ，世界の石油，ガスの需給は大幅に緩み，その影響は間接的に石炭需給にも及んだ．今後の化石燃料市場は，埋蔵量の大幅な増加によって，大きく変わってくるといってよい．このような動きは，また，エネルギー需給のみならず，気候変動問題にも影響を与える．

　気候変動問題は，現在の地球規模の環境問題で最大の課題である．2015年のパリ協定の合意によって，今後，世界の国々が一緒に気候変動問題に取り組んでいくことになった．今後のエネルギーは，エネルギー需給と温室効果ガスの削減効果を総合的に考えていかねばならない．

　最近起こった，エネルギーを巡る多様な変化や状況は，将来のエネルギーの最適選択をさらに複雑に難しくしている．エネルギーの最適選択は，

エネルギー供給の安定性，原子力の安全性，再生可能エネルギーのコスト，化石燃料の環境影響という4つの視点を踏まえる必要がある．このような課題の優先順位をどのようにつけるのか，こうした選択を行うためには，科学的な分析とともに社会的な合意形成プロセスが必要となってくる．例えば，原子力は，より安全なシステムを優先的に選択していくことが重要であるが，同時に，原発に対する社会的受容性が重要な意味を持つ．太陽光や風力といった自然エネルギーは，クリーンなエネルギーであるがその出力が変動するという課題がある．こうした自然科学に関する課題解決が要求されるとともに，コストへの社会的受容性が大きな問題である．

　社会科学および自然科学的な判断を行う上では，2つの基本的な基準がある．1つは，エネルギー利用の効率性である．人類の進歩は，エネルギー利用の効率向上によってもたらされている．現在の資源制約，環境制約を踏まえれば，エネルギーの効率性の一層の向上は重要である．もう1つは，エネルギーのコストである．エネルギーは，こうした効率性とコストをにらみながら，最適化を図っていく必要がある．

　本書は，ニュースで流れる様々なエネルギーの課題を取り上げて，特に専門的な知識がない人でも理解できるような解説を心がけた．そして，エネルギー問題について，さらに，より詳しく知りたい方のために，理論的な整理と将来の見通しを整理して紹介している．エネルギー問題の解決には，多面的な学術的なアプローチが必要である．環境問題を扱う環境経済学，環境法学，環境社会学，環境工学，エネルギー技術については，熱力学，有機化学，電気工学などそれぞれの重要分野における理論や考え方がある．本書は，エネルギー問題についての包括的な解説を行っているが，技術的な課題，制度的な課題，経済的な課題などを，項目ごとに解説して，読者がそれぞれのエネルギー問題をどのような切り口で考えるべきかということを示す．また，ちょっとした疑問として抱くようなトピックについてはショートコラムとして紹介するとともに，より専門的な考察ができるように，理論的解説を付した．

本書では，以上のような目的で，次のような章立てになっている．

まず，第1章は，エネルギーを考える上での軸を紹介している．3つのE（安定供給，経済性，環境）と安全Sについて，どのように考えるかといった視点を提供する．

第2章は，エネルギーの発展の歴史と地理について解説する．歴史の発展と地理的な違いがなぜ生じるかは，エネルギー問題を理解する上でもっとも重要なことである．エネルギーの発展と普及についてエネルギー技術やインフラがどのように関係してきたかを知ることができる．

第3章から第6章までは，エネルギーの供給源ごとの課題と展望を解説している．読者は化石燃料の将来の持続性，市場の問題，原子力の安全性や経済性，再生可能エネルギーのポテンシャルと電力系統での課題などについて，背景，課題，分析手法などを知ることができる．

それを踏まえて，第7章では，これからのエネルギーの最適組み合わせの考え方を提供する．

第8章は，エネルギー需要，省エネの解説である．今まで，どのように省エネが進んできたのか，これからの省エネはどのように展開していくのか．部門別の消費動向を踏まえて考えてみよう．

第9章では，地球環境問題を扱っている．科学的な気候変動の原理と現状，また，現在の世界的な取り組みの動きと対策について解説する．

第10章は，将来の展望である．地政学的要因と資源の偏在，気候変動と持続可能なエネルギーシステム，社会制度とエネルギーを踏まえた，柔軟なエネルギーシステムの構築について考える．

本書は，著者らが，東洋大学，放送大学，九州大学，東京農工大学などでいままで講義してきた内容がもとになっており，それは理工系の方にも文系の方にも容易に読め，理解が進むことができる内容としている．読者が，ニュースの題材に関連して，理論や分析の基本的考え方を踏まえて，エネルギー問題の理解と考え方を深めていただくことが本書の目的である．

本書の執筆は第1章～第8章，第9章9.4～9.6を堀が，第9章9.1～9.3，第10章を黒沢が担当し，その後2人で全章を読み，議論を重ね手を加えた．

　一人の人間が勉強できることは限られている．是非，この本で学んだことを踏まえてほかの人と議論をしていただきたい．そのようなプロセスでよりエネルギー問題の理解が深まることを願っている．

2016年5月
堀　史郎・黒沢厚志

【本書で引用したエネルギーデータ】
　エネルギーの取り巻く状況は年々変わっている．本書において，特に断りがない場合は，2013年の数字を使っている（2013年の数字は，国内エネルギーについては，資源エネルギー庁 エネルギー白書2015；日本エネルギー経済研究所 エネルギー・経済統計要覧2016；海外のエネルギーについては，IEA, Energy balance of OECD countries 2015；Energy balance of non-OECD countries 2015 に基づく）．

目　次

はじめに　*iii*

第1部　エネルギーとは　　1

第1章　エネルギーを見る目を養う　2
1.1　エネルギーとは何か　2
1.2　エネルギーを取り巻く大変化　5
1.3　4つの視点（供給，経済性，環境，安全）　10

第2章　エネルギーの考え方　16
2.1　時間軸：エネルギーの環境変化　16
2.2　エネルギー技術の進歩　19
2.3　今後の変化を左右する要因　24
2.4　地理軸：エネルギー供給の地理的要因　28

第2部　エネルギー供給　　39

第3章　日本のエネルギー供給体制　40
3.1　供給体制の現状　41
3.2　エネルギー供給構造改革　46
3.3　電力供給の安定化と課題　51
3.4　今後の電力市場の行方　56

第4章　石油，石炭，ガス　59

4.1　化石燃料の現状　60

4.2　石油　61

4.3　石炭　69

4.4　ガス　76

第5章　原子力　87

5.1　原子力の動向　88

5.2　原子力発電のしくみ　90

5.3　福島第一原発事故と安全システム　94

5.4　経済性についての論点　105

5.5　原子力の未解決の問題　108

5.6　原子力と社会受容　111

第6章　再生可能エネルギー　115

6.1　現状と特徴　116

6.2　導入促進政策：FIT と RPS　127

6.3　系統制約　132

6.4　地域エネルギー　137

6.5　再生可能エネルギーの未来　139

第7章　エネルギーのベストミックス　146

7.1　電源別コスト　146

7.2　将来の社会　149

7.3　多様性　151

第3部　エネルギー需要　　153

第8章　エネルギー需要と省エネ　154
- 8.1　家庭のエネルギー消費　155
- 8.2　産業のエネルギー消費　158
- 8.3　業務・運輸部門のエネルギー消費　161
- 8.4　東日本大震災と節電　164
- 8.5　省エネは救世主か　168
- 8.6　今後の省エネを巡る話題：デマンドレスポンス　172

第4部　これから　　177

第9章　地球環境問題　178
- 9.1　地球環境問題のメカニズム　179
- 9.2　IPCCの評価報告書　182
- 9.3　エネルギーシステム分析の方法　190
- 9.4　気候変動を巡る取り組み　193
- 9.5　パリ協定の成果と課題　196
- 9.6　気候変動対策の実際：排出権取引と炭素税　201

第10章　将来の課題　211
- 10.1　持てる者と持たざる者　地政学的要因と資源の偏在　211
- 10.2　気候変動と持続可能なエネルギーシステム　212
- 10.3　社会制度とエネルギー　214
- 10.4　柔軟なエネルギーシステムの構築　供給と需要の統合　214
- 10.5　新しいサービスの出現とエネルギー　215

おわりに　219
索引　221

第1部
エネルギーとは

第1章
エネルギーを見る目を養う

1.1 エネルギーとは何か

1.1.1 エネルギーは必需品

　エネルギーを取り巻く環境は，劇的な変化を遂げている．その変化は，2011年3月11日の東日本大震災およびそれに起因する福島第一原発の事故によって明らかになった，電力供給のぜい弱制としてもたらされた．発電所の被災による電力不足によって，2011年4月には計画停電を余儀なくされ，消費者が好きなだけ電力を使う時代の転換を予期させた．4月の計画停電は，経済活動に大きな影響をもたらし，同年の夏の電力供給はさらにひっ迫が予想されたため，日本全体として15％の電力需要削減目標が決定された．1973年の石油ショック（イスラエルとアラブ諸国で起こった第四次中東戦争に端を発した，産油国による石油価格の4倍近い引き上げおよび石油生産削減，禁輸措置．これによって石油価格高騰と石油不足が生じた）で発動された電力使用制限令が，38年ぶりに大企業などの大口需要者に発動された．石油ショック時の電力使用制限令では，石油の供給不安から，電気の使用が制限された．また物価が高騰し，買いだめが生じ，ものが不足するという現象が起きた．トイレットペーパーが店頭から消え，市民がトイレットペーパーに殺到した（図1.1，ただし石油の供給不安とトイレットペーパーはあまり関係のないことであったが）．

　電力不足やそれに続く一連のエネルギーの節約状況は，電力供給がいかに円滑な産業活動や家庭生活に不可欠なものであるかを認識させることになった．今や家庭生活や円滑な産業活動において，エネルギーは欠かすこ

とのできない存在である．あらゆる生活必需品の製造に多大なエネルギーが消費される．お米を作るのには 0.35L（原油換算）のエネルギーを要し，洋服は 7L，カラーテレビは 38L のエネルギーを必要とする[i]．今日，我々は，どのような野菜も一年中食べられるようになった．それは，ビニールハウスで，一年に何回も野菜が栽培されているからである．そして，ハウスものの農産物の生産は特にエネルギーを大量に消費する．ピーマンの原価の 4 割は原油代である[ii]．そうなると原油価格の変動は

図 1.1　石油ショックによる混乱
写真提供：毎日新聞社

図 1.2　エネルギーは生活を支える

農産物の価格にも影響を及ぼす．家庭の生活をしていくうえでは，多くの電化製品が使われ，あらゆる活動で電気が使われている．日本国民が一年に使うエネルギーの量は，家計部門だけで 9 兆円である．我々の一日を考えてみよう．エネルギーは，一世帯当たり一日，調理が 8,571kJ，給湯（風呂など）が 27,389kJ，冷暖房に 25,320kJ 使っている．このように，エネルギーがない暮らしは想像できない（図 1.2）．

　シンガポールのリー・クアン・ユー元首相は，エアコンの発明によって熱帯の人々はハイテク工場の労働者になることができた．もしエアコンがなければ，シンガポールの国民は今でもヤシの木の下でのんびり過ごしていただろうと述べている[iii]（もっとも，どちらの生活がいいかは議論があるが）．

1.1.2 エネルギーの特殊な性質

　エネルギーは生活必需品である．しかし，一般の消費財とは異なる特徴を持っている．一般の消費財は，自由市場で売買されている．もちろん，エネルギーも自由に売買することができる．しかし，電力やガスは，公共性の強い財である．例えば，水道とよく似た性質をもっている．エネルギーは必需品であるので，この供給は，民間事業者の自由に任されるのではなく，安定供給の確保のため政府の管理下に置かれることが必要となってくる．日本では電力には電気事業法，ガスはガス事業法によって事業者に供給義務が課されてきた．石油の供給はすでに自由化されているので，石油産業を取り締まる法律はないが，緊急時対策としての石油需給適正化法によって緊急時には政府が需給調整をすることや石油備蓄法により石油事業者に供給連携計画を届け出することを義務付けている．電力会社や都市ガス会社は地域ごとの市場において独占的に事業を行っており，政府の規制・管理のもとに供給事業が運営されている．このような公共性の高い財は，一般の商品が属する私有財とは異なる性格を有する．私有財は，それぞれの商品に所有者がいて，自由に売買ができる．また，意欲のある事業者は誰でも生産できる．しかし，供給は無限ではなく，当然売り切れも発生する．このような財では，価格と数量に関する自由市場の原則に従って，価格や需給が決まる．一方，公共財では，需要者たる一般市民のニーズに合わせて公共的に供給がなされる．そして，供給されない，ということはない（売り切れがない，これを「非競合性」という）し，料金を払わないと供給が止められることもない（いつでも供給がなされるという「排除不可能性」）．こうした特徴を持つ公共財は，公園や，一般道路などがある．電力やガスは，後者には当てはまらない（料金を払わないと供給が止まる）ので，準公共財と呼ばれる．

　世界の貿易市場でも，エネルギーは一般の消費財とは異なった性質を有する．それは，エネルギー貿易には地政学的要因が大きく影響するからである．エネルギー貿易は，国際政治の動向に左右されやすい．例えば，石油ショックはアラブ諸国とイスラエルとの中東戦争によって石油の禁輸措

置が発動されたことによって起こった．ロシアとウクライナの政治的対立によって，ロシアはウクライナへのガス供給を停止し欧州のガス供給にとっても不安定要因となった．地政学的な不安定要因は，エネルギーの将来に高い不確実性をもたらす．このように，エネルギーは地政学的な制約を強く受ける消費財であるので，供給の確保には，政府の役割が大きくなってくる．

　世界のガス市場は，アジア，欧州，北米の3つに分断されており，それぞれ異なった価格，商取引ルールが存在する．このように地域によって貿易価格が異なることは，世界中どこでも1つの生産物は同一の価格を有するという一物一価という原則に反する現象である．また，3つの市場の分断でもわかるように，化石燃料は，特定のグループのみが使えるような状況が出現する．特定のエネルギー供給国がエネルギーを戦略物質と考え，グループ外へのエネルギーの供給を制限することがたびたびある．このような取引が行われる財をクラブ財といい，一般消費財とは異なる売買ルールが生じる．例えば，従来アメリカは，自由貿易協定を結んでいる国に対してのみ原油・ガスを輸出してきた．もし，こうしたクラブ財が一般に開放されることがあれば大きく供給量が増大する．価格はこうした動きなどによって変動する．

1.2　エネルギーを取り巻く大変化

1.2.1　国内のエネルギー供給体制の変化

　いままでは，エネルギーは需要側が好きなだけ使い，それに対して，エネルギー供給側が必要なエネルギー量を提供していくという考え方であった．この考え方は，長らく日本のエネルギー関係者では当然の前提であった．電力，ガスといったエネルギー供給産業は，消費者への供給義務が法律で決まっていた．したがって，エネルギー供給者は，需要の伸びに合わせて，発電所やガス供給設備を増やしてきた．しかし，この考え方は，2011年の東日本大震災と原発事故に伴う電力不足によって生じた供給の限

図1.3　東日本大震災後に暗くなった日本
出典：Image and data processing by NOAA's National Geophysical Data Center

界によって，転換せざるを得なくなった．東京電力管内だけで2100万kWの電源が一時的に失われ，同年，東京電力管内はのべ10日にわたって停電が発生した（図1.3）．実は，こうした電力の供給不足が起きることは，諸外国では珍しいことではない．例えば，カリフォルニアでは2000年に大停電が発生した．そのため，アメリカでは，需要の効果的な抑制のための手段として緊急時に需要を制御するシステム（デマンドレスポンス）が急激に発展している．特に，需要のピーク時に電力の消費カットを行うことが普及してきた．このように，供給者が供給の一義的責任を負い，需要者は何も供給に責任を負わない時代から，需要者も供給のバランスに役割を担うような時代になっている．

　国内のエネルギー供給のもう１つの変化は，電力市場の自由化である．電力市場の自由化は，2000年に大規模工場など大口需要家から始まった．東日本大震災後，この動きが加速され，2016年からは，家庭向けも含めた電力小売市場が全面自由化される．これによって，すべての消費者は電気を多数の事業者が提供する電気から自由に選べることになる．また，これに伴い10電力会社の供給義務もなくなる．したがって，これからは消費者も自らエネルギー選択を行っていく時代になってくる．

1.2.2　原子力の安全性

　2010年度の電源構成に占める原発の割合は32％であった．2014年には，全ての原発が停止し，この割合はゼロとなった．原子力は，福島第一原発事故によって全面的な見直しが行われ，原子力発電所には新たに厳しい規

制が課せられることになった.

福島第一原発事故は,単に原子力発電の割合を低下させただけでなく,放射能の拡散という甚大な被害をもたらした(図1.4).福島第一原発事故では,地震によって外部電源が

図1.4　事故後の福島第一原発

喪失し,非常用電源も津波によって機能しなかったことから,冷却水の供給がなされなくなった結果,燃料棒が露出しメルトダウンが生じ,放射性物質が外部に放出された.この原因は,大規模津波を想定外の事象とみなし,そのような対策をとらなかったことにある.そのほかにも,シビアアクシデント(過酷事故)を想定した事故対応を行っていなかったため,事故が発生したあとの対応も適切に行えなかった.こうしたことを踏まえ,新規制基準は,従来の基準を根本的に変える安全管理の考え方を採用することになった.

また,原発の停止に伴って,原子力の在り方が見直された.2010年に策定された長期エネルギー需給見通しにおいて,原子力は2030年には日本の電力の半分を担う計画であったのが,将来の電力供給計画を全面的に見直すことになった.その結果,2014年のエネルギー基本計画では原子力の依存度を低下させるという決定がなされた.福島第一原発事故は,安全性の重要性を再確認させただけでなく,日本のエネルギー供給の長期見通しを大きく変更させることになった.

1.2.3　シェールガス革命

東日本大震災に起因するエネルギーの大きな変化は,ガスにおいても生じた.それまで日本の電力供給の3分の1を担っていた原子力は電力供給

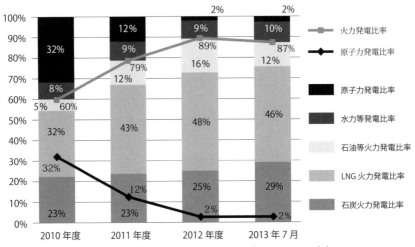

図1.5 日本の電力供給の変化（2010～2013年）

からはずれ，その原子力の供給停止で生じた不足分の3分の2は天然ガス火力（LNG火力）が担うことになった．結果としてLNG火力が日本の電力の半分を賄うことになった（図1.5）．

2015年現在，日本の電力供給は，化石燃料の火力が9割，そのうちLNG火力が電力供給の5割を担っている．

しかし，天然ガスは，石炭など他の電源に比べてコストが非常に高い．天然ガスは熱量あたりで石炭の3倍以上の原料調達コストがかかる．原発の停止に伴う，ガスの急激な輸入の増加は，日本の貿易収支を著しく悪化させ，2011年には戦後31年ぶりに日本は貿易赤字国になった．この年の貿易赤字は9.2兆円であるが，そのうち，ガスなどエネルギー資源の輸入に起因する赤字は原油が2兆円，ガスが1.3兆円である．その後もガスの輸入量は増加しており，2013年には総輸入金額の9％近くを占めている．このようにガスの輸入金額は日本の貿易赤字の大きな要因となってしまった．この問題を大きくしているのは，日本の輸入するガスの値段が他の国に比べて著しく高いという事実である．日本のガスの輸入価格はアメリカの5倍，欧州の3倍である．欧州は近年ガスの価格の引き下げに努めてきてお

り，これに比べれば日本の取り組みは遅れている．アメリカの価格が安いことの背景として，シェールガスの存在がある．シェールガスは昔から知られていたが，第二次世界大戦後に水平掘削，水圧破砕という2つの重要な技術が開発され，アメリカでは2008年

図1.6　LNG船
写真提供：東京ガス株式会社

ごろからシェールガスの生産が急激に増加し，ガスの埋蔵量を大幅に引き上げるとともに，ガス価格を大幅に引き下げる要因となった．また，シェールガスの埋蔵量は天然ガスの2～6倍と言われているため，将来のガスの可採見込みも大幅に伸びている．このように，シェールガスの登場は，ガス価格とガスの埋蔵量を一変させてしまった．同様に，コストの安いシェールオイルの増産と重質油の開発で，世界の石油の埋蔵量も大幅に増え，サウジアラビアなどの石油価格の低め誘導もあいまって，需給は大きく緩む結果となった．いままでは，ガスについてはロシアが政治的理由によって欧州への供給を中断したり，石油については中東諸国が生産量を抑えて価格を誘導するなど，地政学的なリスク要因が大きかった．しかし，シェールガス，シェールオイルの増産によってアメリカの石油・ガスの輸出量が増えれば，今後，こうしたガスの世界の地政学が変わることになろう．

1.2.4　気候変動対策におけるパリ協定

2015年12月12日に，世界各国は，パリ協定に合意した（図1.7）．パリ協定は，気候変動枠組条約第21回締約国会議（COP21）で合意されたものであり，1997年の京都議定書に代わる新しい気候変動対策の枠組みを決めている．パリ協定の合意には，3つの主要な内容が含まれる．第一に，すべての国が目標や行動の計画を策定して提出すること．第二に，これを5年ごとに見直して新しい計画を提出すること，第三に，地球の気温上昇

図1.7　気候変動枠組条約締約国会議での合意
出典：環境省ホームページ
（http://www.env.go.jp/earth/ondanka/cop21_paris/paris_conv-c.pdf）

を産業革命以前に比べて2度以内に抑えることを目指し，さらに1.5度以内にするよう努力することである．すなわち，世界のすべての国が，対策の実施を行うことに合意したことである．

日本もCOP21に対応して，2013年比26％減（2030年目標）の約束を提出した．この約束を実施するためには，2030年までの間に石油に換算して5030万kLの省エネを行う必要があり，この目標を達成するためには2030年までの18年で35％の効率改善（エネルギー消費量を実質GDPで割った値）を行う必要がある．これは，結果として効率改善を石油ショックが起きた1970～1990年と同じレベルで実施することになる．1990～2010年は20年で1割しか効率改善が進んでいないことを踏まえれば，かなりチャレンジングな目標である．このためには，今までにない取り組みを行っていくことが求められる．

1.3　4つの視点（供給，経済性，環境，安全）

1.3.1　供給の安定性から複合的な視点へ

こうした様々な問題が顕在化する中で，どのような視点からエネルギー問題をとらえるべきか，が重要な課題である．エネルギーを考える視点は，安定供給，経済性，環境，安全である．実際，現在のエネルギー選択を巡る議論は，この4つの視点にどう優先順位をつけていくかという議論にほかならない．たとえば，石油ショックまでは経済性が最大命題であり，石油ショック以後は安定供給が一番の課題になった．1990年代の地球環境問

題意識の高まりを受け，地球環境問題が最大の課題になった時期がある．2011年以降は，これに原発の安全性が優先順位として加わった．その中で，原子力，石炭，再生可能エネは，どの項目を優先とするかで，利用の順位が異なり，常に論議の的になっている．原子力はその安全性と他のメリットの比較，石炭はその経済性，安定性と環境のデメリットとの比較，再生可能エネはそのクリーン性と安定性やコストのマイナス面での比較になる．

エネルギーにおいて重要な視点は，長らくエネルギー供給の安定性であった．エネルギーは必需品であるので，エネルギー供給が遮断されることはぜひ避けなければならない．日本は，石油ショック（1973年）以前は，一次エネルギー供給の95％を海外からの化石資源に依存していた．しかし石油ショックは，石油という単一のエネルギーに過度に依存することのリスクを教えた．供給源を多様化することは重要なキーポイントである．これによって供給途絶リスクを分散化させるとともに，エネルギー供給の自給度を高めることができる．平時の安定供給と並んで非常時における安定供給も考えなければならない．

すなわち，従前のエネルギー供給の安定性は平時のエネルギーの供給の確保を意味した．しかし，東日本大震災は，非常時に国内のエネルギー供給・輸送体制（配送）においても課題があることを浮き彫りにした．たとえば，地震後の石油製品，灯油，軽油の輸送が円滑に実施されなかったことは，非常時の国内供給体制が十分機能しないことを示した．東京電力で起きた初期の電力の供給不足は，地域電力体制が十分な電力融通を行う地域間連系線の容量を有していないことを明らかにした．日本全体で電力の供給体制をより柔軟な対応が可能なように検討することが求められている．このように，電力供給体制，ガス供給体制，石油供給体制のいずれも，今後，大きな変革に取り組んでいく必要がある．

また，1990年代からの地球環境問題の高まりとともに，低炭素エネルギーへのシフトが世界的な課題となった．低炭素エネルギーの導入拡大は，地球温暖化リスクを低減させ，具体的には化石燃料の使用による地球環境へのダメージリスクの低減につながる．この両課題，自立的エネルギーと

低炭素エネルギーに合致するものとして原子力や再生可能エネルギーが注目された．ところが，東日本大震災は原子力の事故リスクを顕在化させた．そして，どのようなエネルギーにもすべて何らかのリスクが伴うことを改めて示した．これからのエネルギーの検討で必要なことは，それぞれのエネルギー源のリスクを正しく認識して，リスクの影響の分散化を行うことやリスクの最小化を目指すことである．

このような大きな社会的状況の変化を踏まえて，新しいエネルギーのベストミックスを考えていかなければならない．

1.3.2 最適選択をめぐる議論

ベストミックスはどのように考えればよいのであろうか．2012年の政府の環境エネルギー戦略会議は，将来のエネルギーミックスのあり方について，3つの選択肢を示した．従来，政府の決定において，選択肢が複数示されることは珍しい．それだけ，エネルギーの在り方について，国民の間でも考え方が分かれていたということである．3つの選択肢は，原子力の割合を変えて，3つのケースを設定した．まず，原子力をゼロにするケース，原子力の割合を15％にするケース，原子力の割合を20～25％にするケースの，3つの選択肢である．これを見ると，原子力の安全性に重きを置いて原子力の割合を減らすケースを選択すると，化石燃料の比率が高まりCO_2の排出量が増える．原子力ゼロケースだと，20年でエネルギー消費を2割以上削減せねばならず，このためには，効率の悪い設備を強制的に廃棄，禁止する措置など，大きなコストがかかる厳しい規制が必要となることが示されている．3つのケースが検討された結果，選択された政策は，原子力を段階的に低減し，2030年には原子力15～25％ケースを目指す政策であった．第2章で述べるように，エネルギーは巨大なインフラ産業であるので，どのような政策をとるにせよ，現状からの転換を行うには時間がかかり，これを急に変化させることは，既存のインフラの機会損失など損失コストが発生する．

他方，どのようなエネルギーミックスを目指すかは，人々の原子力の安

《解説》 エネルギーの4つの視点に関する世論

エネルギーの4つの視点について，市民はどのような優先順位をつけるのであろうか．ここでは，NHKが実施したエネルギーに関する世論調査結果をもとに見てみよう（図1.8）．2013年にNHKが行った調査結果によれば，安定供給，環境，コスト，安全のどれを優先順位に挙げるかについて，それぞれの支持者は28％，28％，11％，34％と安全が一番高くなっている．2011年の調査では，安全が42％と，他の要因を大きく引き離し単独トップであった．年齢別にみると図1.8のように，安全を重視する傾向が年齢とともに上昇する．反対に安定は年齢とともに低下する．この理由として，若者のほうが科学に信頼を置いているため，将来的な安定した生活を望んでいるためなど，様々な解釈がなされている．ちなみに欧州の調査では，産業競争力が92％，自給率が82％と高い支持を得ている．これは，欧州がロシアへのガス依存というアキレス腱を抱えていることに関係があるかもしれない．

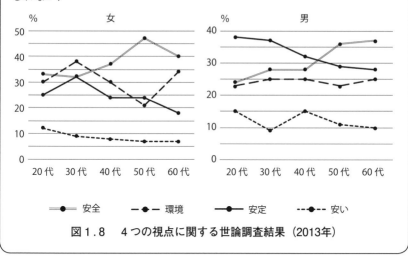

図1.8 4つの視点に関する世論調査結果（2013年）

全性に対する考え方に依ってしまうところもある[iv]．4つの視点の優先順位については，個人の価値観，考えが相当異なっており，それが，エネルギー問題の合意形成の難しさにつながっている．しかし，重要なことは事実に基づき論理的に考える作業である．それなしには，将来こんなはずで

はなかった，ということが起きかねない．

　安定供給，経済性，環境，安全は，それらの英文頭文字をとって3E+Sと呼ばれている．1つのエネルギーでそれらすべてを満たすことはできないし，どんなに対策を講じてもリスクは残る．したがって，これらのリスク要因を相対化して，総合的なリスクを低減させることが重要である．1つの試みは，すべてのリスクをコストに換算する方法である．詳細は第7章に譲るが，現状のコストだけを計算すると，石炭火力や原子力が安いと出てしまうが，これは現在のコストである．将来のエネルギーの在り方を分析するには，将来のエネルギーコストを計算する必要がある．それには，将来想定される化石燃料に課税される炭素税のコスト，原子力の廃棄物の追加コスト，事故コスト，再生可能エネルギーによる出力の不安定化を調整するための設備コストなどをすべて勘案して考える必要がある．これは，現在含まれていない想定されるコストを含めるという事になる．したがって，いろいろなエネルギー源の比較は，こうした将来想定しうる追加コストを加味した比較分析を行う方法がある．

　エネルギーの問題を考えるうえで，すべての課題を相対化して考える訓練は問題解決に向けた重要なステップである．以後の章では，エネルギーの4つの視点に関する重要事項として，エネルギー供給体制，化石燃料の供給安定性，原子力発電の安全性，再生可能エネルギーのコスト，地球環境問題の動向について解説していく．

《解説》　エネルギーの単位

　エネルギーにはいろいろな単位が使われる．一般的には，kL（原油換算）があり，そのエネルギー熱量が原油に換算すると何kL分か，ということを示す．熱量はkcal, kJ, toe（石油換算トン），Btuも用いる．

1 L（原油換算）≒ 9.25×10 kcal ≒ 3.9×10^7 kJ ≒ 9.28×10^{-1} toe ≒ 3.67×10^7 Btu

注

i 科学技術庁資源調査会（1994）「家庭生活におけるエネルギーの有効利用に関する調査報告書」.
ii 宮崎県（2009）『農業・農村の動き』.
iii *New York Times*, June 2, 2002.
iv 有村俊秀（2013）「エネルギー問題に経済学ができること」『経済セミナー』12月／1月合併号.

問題

1．エネルギー問題に関係するできごとのうち，自分の関心事項を説明してみよう．

第2章
エネルギーの考え方

　エネルギーを考える際に不可欠な視点として，時間軸と地理軸とがある．エネルギーの利用は，時代とともに変化していくので，歴史的な視点と将来の視点という時間軸を持つことが必要である．また，地域によってエネルギー事情は大きく異なるため，その地域でのエネルギーの状況が成立した背景についての地理軸を認識することが必要である．地域によってなぜエネルギー利用が異なるのか，その制度的，歴史的な背景を考え，今後のエネルギー問題への参考とすることは大切である．現在のエネルギーを巡る論争や意見の食い違いの多くが，この時間軸と地理軸を明確に認識していないことに起因する場合が多い．本章では，時間と地理によってエネルギーの利用が，どのように変化するかを考えたい．

2.1　時間軸：エネルギーの環境変化

　エネルギーの供給や利用の形態は時間や年代とともに変わっていくので，エネルギーの利用は，技術の進歩や社会変化を踏まえた数十年から数百年の時間的スケールで考えなければならない．
　例えば，再生可能エネルギーの問題を考えてみよう．再生可能エネルギーは今後，急速に普及が進むだろう．現在ではコストや電力供給の安定化の問題をどう解決するかという課題がある．しかし，技術開発や制度改正，国民的コンセンサスなどによって解決すれば導入が加速するだろう．それらがいつのタイミングで生じるかで10年後，20年後，50年後のエネルギー供給の姿は随分違ったものとなるだろう．また，技術が開発されても，

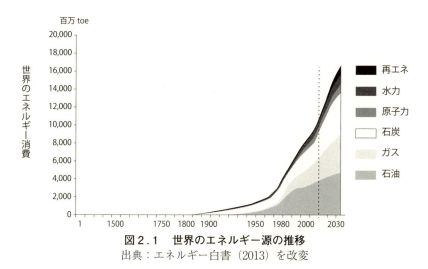

図2.1 世界のエネルギー源の推移
出典：エネルギー白書（2013）を改変

それが実用化され社会システムに組み込まれていくには，さらに時間がかかる場合が多い．

　エネルギーの供給と利用は，歴史的にも多くの要因によって変化してきた．図2.1は，過去のエネルギー源の推移を示したグラフである．19世紀までは，エネルギー使用量はわずかなものだ．人々は薪や炭を炊事に使い，風を船の動力に使っていた．そこでは，エネルギーの大量生産・消費という文化はなかった．19世紀以降は石炭の使用量が飛躍的に増加している．その大きな理由は蒸気機関の発明だ．これがエネルギー利用の第一の変革である．蒸気機関の仕組みそのものは17世紀に発明されたが，それを，工場や交通機関に適用する技術は19世紀に相次いで発明された．これによって，エネルギーの利用方法が向上し，経済発展をもたらした．他方で，蒸気機関の発明は，化石燃料の使用量の増大を招き，大気汚染をはじめとする公害問題を引き起こした（図2.2）．

　次の第二の変革は，石油の大量発見によってもたらされた．1859年にアメリカにおいて石油井戸からの生産がはじまり，1900年代により効率的な生産方式が導入され，ロシア，中東でも大規模な油田が相次いで発見された．石油は液体であるので，パイプラインで運ぶことも，タンクに詰めて

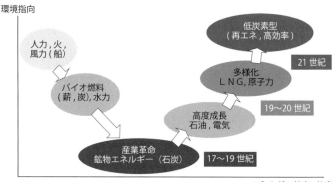

図2.2 エネルギーの最適利用手段をめぐる歴史

移動することもできる．また，保管も容易であり取り扱いがしやすいエネルギーである．その価格の安さも相まって，石油は，20世紀半ばから石炭にかわってエネルギー供給の主役になった．この変化には，電気の発明も寄与している．電気は，19世紀半ばに電動機や照明への利用技術が相次いで発明された．こうした電気の需要の増大は，必然的に大規模な発電能力を要求する．こうして，石油の需要は石油火力発電所の建設によっても押しあげられた．第二次世界大戦後の高度成長は，この安価で使いやすい石油というエネルギーによってもたらされたといっても良い．

しかし，このエネルギーの弱点は，1973年の第四次中東戦争およびそれによってもたらされた石油ショックによって明らかになった．石油の生産・供給は中東という安全保障上，極めて脆弱な地域に依存していることが再認識された．また，石油の値段が高騰した結果，物価が急騰し，経済成長がマイナスになってしまった．以来，日本のエネルギー政策の根幹は，エネルギーの安定的な供給を図るためのエネルギー源の多様化となった．これが第三の変革である．エネルギー源の多様化として石炭，ガスや原子力の開発がすすめられた．安定供給の確保のためには，供給途絶リスクを小さくしなければならない．途絶リスクを小さくするために，リスクが大きいエネルギー源への依存度を軽減し，供給先の多角化と供給源の多様化

を行う（すなわち，ある供給途絶が発生したとしてもそれをバックアップする供給源を確保しておく）ことが重要である．

そして，1970年代は越境環境問題がエネルギーにおいて大きな課題となって登場した．1990年代には気候変動問題が大きな課題として取り上げられるようになった．この環境問題という第四の変革によって，化石燃料への依存を減らし低炭素型のエネルギーの利用が必要となった．そのため，再生可能エネルギーの導入や既存のエネルギー利用技術の一層の高効率化がすすめられつつある．エネルギー源の多様化と環境問題の克服という2つの要請に対して，利用が増えたのが天然ガスと原子力である．第三の変革によって拡大した天然ガスは価格が石炭や石油より高いけれど，硫黄も窒素分もほとんど含まないという長所がある．また，原子力は，ウランの核分裂反応によって生じたエネルギーを用いるので，それの利用によって排気ガスが発生するわけではないし，発電コストが安価である．遅れて，低炭素エネルギーとして登場したのが，風力や太陽光といった再生可能エネルギーである．再生可能エネルギーは，発電時に環境に影響を与える物質をほとんど排出しないエネルギーである．再生可能エネルギーは，上記の制約条件をすべて満たす将来のエネルギー源として注目を集めている．しかし，当然ながら再生可能エネルギーにも課題はある．エネルギー源が太陽光や風などの自然エネルギーなので出力が不安定で，自然エネルギーのエネルギー密度や変換率が低いため，コストが他のエネルギー源に比べて高いことである．

こうして，エネルギーの供給・利用は，技術の発見，さらなる利用技術の効率化，安定供給，環境問題などの要因によって，変化してきたといえる．

2.2　エネルギー技術の進歩

エネルギー利用の変革には，エネルギー利用技術の進歩が大きく貢献している．図2.3は，これまでのエネルギーの利用技術の変化を表している．

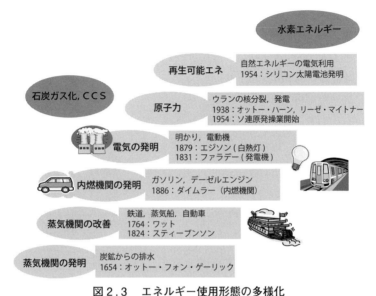

図2.3 エネルギー使用形態の多様化
資料：田中（2002）などから作成

すでに述べたように19世紀以降のエネルギーの第一の転換は，蒸気機関の発明という技術革新によって化石燃料の大量使用が生じたことである．

　蒸気機関というエネルギー技術の革新によって，どのようなエネルギーの変化がもたらされたのであろうか．それまでは，人々は，人力や風力といった不安定で力も弱いエネルギーに頼ってきた．そして，利用効率も非常に低かった．しかし，蒸気機関という技術を使うことによって，安定的かつ大量にエネルギーが供給できるようになった．従来は，化石燃料がもつエネルギーを熱エネルギー（暖房，調理）や光のエネルギー（照明）として人類は利用してきたが，蒸気機関の発明によって，化石燃料の持つエネルギーを力学エネルギーに転換することが可能となった．多くの工場や交通機関で蒸気機関が導入されたことで，動力が飛躍的に向上し，大量生産，大量輸送を可能にした．他方，蒸気機関は力学エネルギーを物理的に伝達できる場所でしか使えないという問題があった．蒸気機関は動力であるので，エネルギーは力の伝達でしか伝えられないからである．

蒸気機関から遅れて1886年に内燃機関が発明された．内燃機関は，圧縮・燃焼プロセスが内部にあるという特徴を持つ．これによって，システムが小型化できることになり，内燃機関は自動車に採用され，これが大きく世界の輸送手段を変えた．内燃機関は，蒸気機関に比べて極めて効率がいいシステムである．また，ガソリンの重量当たりのエネルギー量は石炭に比べて，60％以上多い[i]．したがって，熱効率も良く，小型化も可能で，使いやすいガソリン内燃機関は自動車のエネルギーとしては最適なのである．

蒸気機関が持っていたエネルギーの輸送問題を解決したのが，電気エネルギーである．1834年に最初の発電機が製作され，エネルギーを生産した場所（発電所）から遠く離れた場所まで輸送し，電動機によってその力を使用することが可能になった．また，電気エネルギーは，動力以外にも光，化学などあらゆるエネルギー変換が可能である．このように，エネルギー変換技術は，化学エネルギーから熱エネルギーへの変換（化石燃料を使った調理），化学エネルギーの光エネルギーへの変換（化石燃料を使った照明）という変換技術に加えて，熱エネルギーの力学エネルギーへの変換（蒸気機関），熱エネルギーの電気エネルギーへの変換をもたらした．

技術の発展は，さらに原子力，再生可能エネルギーへと続く．原子力は，1954年に商業利用が開始された．再生可能エネルギーも，今の太陽発電に用いられているシリコン単結晶太陽電池が1954年に発明された．

図2.4は，世界のエネルギー生産と変換，そして消費の流れを示している．単位はEJ（10^{18}J）である．一番左のカラムは，天然に存在する資源を使用したエネルギーであり，一次エネルギーと呼ばれる．原油，石炭，ガスといった化石燃料，バイオマス，水力，風力，太陽光といった自然エネルギー，ウランなどの核分裂資源がこれに当たる．真ん中のカラムは，二次エネルギーへの転換を表している．原油，石炭，ガス，自然エネルギー，ウランなどの一次エネルギーを用いて，二次エネルギーである電気に転換される．これを見ると，変換の過程で大きな割合でロスが発生していることがわかる．これが変換効率であり，投入エネルギー量に対して電

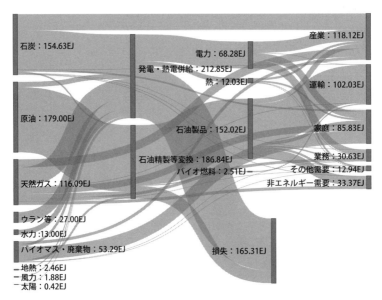

図2.4 世界のエネルギー生産・転換・消費のフロー
出典：IEA（2015）Energy Technology Perspective 2015 Data Visualization（http://www.iea.org/etp/explore）のデータを元に作成.
注：バイオマス・廃棄物以外の再生可能エネルギーの直接利用分を反映していない.

気として得られているのが32％しかないこと，残り（68％）はロスとなって，失われてしまうことがわかる．また，石炭，ガス，バイオマスは変換されずに直接燃焼利用される割合が大きい．石油は，生産された状態（原油）では扱いにくいので，製油所で精製され，ガソリン，灯油，軽油，重油，アスファルトといった石油製品に変換される．最終消費は右のカラムに表示されている．このように，この図から，各エネルギー資源がどのように使われているかが理解できる．石炭，ガスは，発電所燃料および直接燃焼に使用され，産業用途などに使われる．石油はほとんどが石油製品にされ，その主な用途は自動車を中心とした運輸部門である．

このように変換の過程で，大きなロスが発生することから，エネルギーの進歩とは，変換方法の進歩であり，同時に，変換効率の向上の歴史でも

ある.

　エネルギー変換効率は，もともと，一次エネルギー源が持っているエネルギーのうちどのくらいの割合が仕事や二次エネルギーとして利用できるか，という比率である．この比率を上げることで，より有効にエネルギーを利用できることになる．効率を上げれば，エネルギーの消費量が減らせることからコストが下がり，また，化石燃料の使用減となって，環境問題の改善にも寄与する．

　エネルギー変換効率は熱力学の法則で示される．熱力学第一法則は，孤立した系の中では，エネルギー変換の前後でエネルギーの総量は変化しないと，教える（エネルギー保存則）．しかし，同時に熱力学第二法則によると，すべてのエネルギーを力学エネルギーに変えることはできない（トムソン原理）．すなわち，エネルギーの一定割合は，必ず廃熱や摩擦熱によって失われてしまう．

　この失われる割合をできるだけ少なくすることが，より効率的にエネルギーを利用することになり，コストも低減する．エネルギー技術の発展の方向の1つは，この効率を向上することに注がれてきた．例えば，初期の蒸気機関は，化石燃料が持つエネルギー（化学エネルギー）の0.1以下しか，力学エネルギーに変換できなかったが[ii]，現在の最新式蒸気ボイラー・タービンでは，0.4の効率で電気エネルギーに変換できる．蒸気機関の発明は，力学エネルギーという新しいエネルギーの利用法を生み出したが，効率が飛躍的に向上したわけではなかった．薪による調理の熱効率は0.1程度であるが，蒸気機関の熱効率も0.1程度である．現在の蒸気タービンの熱効率は0.4と高いが，これは，最新の蒸気ボイラーの場合，高温高圧の水蒸気でタービンを回した後，タービンを通過した後の水蒸気がもっているエネルギーの利用をはかるため，圧力が低くなった水蒸気でさらに中・低圧のタービンを回すという3段階のエネルギー利用をしている．実用化される見込みの先進高効率石炭火力発電（A-USC）では，超高圧タービンから出た水蒸気を再加熱し高圧タービンを回す工程を入れて4段階のエネルギーを無駄なく使う仕組みで，熱効率0.45を目指している．

内燃機関の理論効率は0.6程度であり，これは蒸気機関より格段に高い．他方，効率を考える場合，重要なこととして，理論効率，最適条件下での効率，実際の使用条件での効率があり，これらは大きく異なる．例えば，内燃機関の理論効率は0.6程度であるが，実際の効率は0.2～0.3程度にとどまる．この理由として，機関内部の摩擦熱の発生や圧縮比の差が挙げられる．したがって，効率の向上には，このような廃熱に失われる部分をどのように少なくするかがポイントであり，より効率的にエネルギーを利用することができれば，コストも低減する．

こうしてエネルギー技術は，生産設備や輸送設備の効率を向上させたが，生活環境のエネルギー利用技術も大いに発達した．1902年，最初のエアコンが設置された．これによって我々は，快適な生活を楽しむことができるようになった．1950年代のアメリカの一般の家庭へのエアコンの登場は，暑い夏の生活を一変させ，夏の生産性を飛躍的に向上させた．1950年代の日本の家庭では，いわゆる3種の神器と呼ばれる家庭電化製品が普及した（洗濯機，冷蔵庫，白黒テレビ）．これらの電化製品に加えて，掃除機，炊飯器などの普及により女性が家事労働から解放され，女性の社会進出に貢献したといわれる．

2.3 今後の変化を左右する要因

今後のエネルギーの変化は，いくつかの要素に影響される．特に技術開発とインフラの整備，政策的要請，人々の要望は，長期的な供給構造を見るときに重要な要素である．

2.3.1 技術の発展

今後のエネルギーを左右する大きな要因は，再生可能エネルギーの将来性である．再生可能エネルギーの課題は，出力の不安定性の対応と変換効率の向上であるが，将来の技術開発によってブレイクスルーされる可能性がある．出力の不安定性への対策としては，画期的な電力貯蔵システムの

開発，風力や太陽光の出力予測を気象データなどによって精緻に行う技術，余った再生可能エネルギーを水素製造などに使う技術などが考えられる．したがって，再生可能エネルギーのコスト，ポテンシャルの評価，導入可能性には，こうしたブレイクスルーがいつ頃起きるかが重要である．太陽光は光エネルギーから電気エネルギーへの変換効率が非常に低いことが課題であり，現在の結晶シリコン系太陽光セルの変換効率は 0.2 程度である．幅広い太陽光の波長帯に対して，その光を有効に転換できるようにすることが試みられており，すでに実験室レベルでは 0.4 の変換効率も達成されている．

2.3.2 インフラの役割

　将来のエネルギー利用の変化には供給インフラが果たす役割が重要である．現在，日本の一次エネルギー供給の42%は石油が占め，その38%は輸送用燃料である．したがって，輸送用燃料がどのように変化するかは，気候変動をはじめエネルギー利用の変化に大きな影響を与える．現在の内燃機関を用いた自動車に代わる次世代自動車として，ハイブリッド車，プラグインハイブリッド車が導入されており，電気自動車も普及段階に入っている．燃料電池自動車も2015年から導入段階に入っており，規制緩和や技術開発によるコストの低減を目指している．そして，2025年ころからの本格導入が予定されている．しかし，電気自動車や燃料電池自動車の本格普及のためには，技術開発でコストを下げることのみならず，それを支えるインフラ網の整備が必要である．特に，インフラについては，既存の内燃機関向けのインフラが存在している中で，新しいインフラを作るのは時間的にもコスト的にも大きな労力を要する．現在，給油所（ガソリンスタンド）は全国に3万か所以上あり，LPGスタンドは2000か所ある．これに対して，水素スタンドは，いまだ数十か所にとどまっている．また，こうした供給施設以外にも，ネットワーク施設（高圧送電線，ガスパイプラインなど）が必要であり，こうした基幹施設の構築も必要である．さらに，水素は電気と同じ二次エネルギーであり，水素自体が天然に産出するわけ

ではないので，どこかで水素を含む原料から製造する必要がある．こうした供給インフラの問題は，これから革新的な技術が発明される場合の導入制約として着目しておく必要がある．

石油が今後とも，当面の間，エネルギー供給で高いシェアを占めるとみなされるのも，すでにある巨大インフラに起因する．石油産業は，石油を運ぶため3000隻の巨大タンカーを動かし，50万kmのパイプラインをはりめぐらし，それらの資産価値は5兆ドルに達する[iii]．こうしたインフラを代替するには長い時間が必要である．しかし，もし，既存インフラを活用できるシステムであれば，その導入は短期間でできるかもしれない．

2.3.3 将来の変化のスピード，エネルギーは変わる，しかし，ゆっくりと

あるエネルギー供給体制から別のエネルギー供給に転換する場合に，長期間を要した事例として，欧州の蒸気機関から電気への転換を見てみよう．電気が19世紀に発明されたものの，すでに蒸気機関の普及が進んでいた欧米では，電動機の普及に20世紀まで100年近くの時間がかかった．逆に蒸気機関の導入と電動機の導入の間に時間差があまりなかった日本では10年ほどで電動機の普及率が上回った．このように，いったんあるインフラが普及してしまうと，別のもっとよいエネルギーが出現しても既存のインフラが邪魔をして新しいエネルギーの普及が進まないことがある（ロックイン効果）．もちろん，今後のインフラ整備は，過去とは異なるスピードで進む可能性はある．たとえば，携帯電話の普及スピードの速さ，固定電話からの転換の速さが挙げられる．携帯電話には，固定電話のような電話線インフラが必要なくてもサービスの提供が可能であった．そのため，携帯電話の普及は急激に進んだ．特に，途上国のように固定電話のインフラがなかった国の方が携帯電話の普及は進んでいる．

ある技術やインフラが導入されると，それらの技術やインフラを前提に社会システムが形成される．その場合，必ずしも最も合理的なシステムとはいえないシステムが温存され，どのような社会システムができるかは地域における歴史的な事件がどのタイミング，あるいは偶然によって生じた

かに左右される，という現象が観察される．このような現象を制度の経路依存性という．

2.3.4 政策誘導の問題

技術の開発によって新しいエネルギー利用が生まれ，それがインフラの整備によって導入が進んできたことを見てきた．しかし，今後のエネルギー利用については，もう1つの要因が大きく影響する．政策誘導である．政策誘導とは，市場原理によっては導入が進まないようなエネルギー源を，政策によって進めることである．政策的な初期の市場創出は，コストの低下ももたらすこともある．再生可能エネルギーの拡大はまさに政策誘導であり，原子力についても政府の関与が強いという意味で政策誘導の結果である．政策誘導が必要なもう1つの理由は環境問題である．なぜなら，環境問題は，経済活動に伴って発生する社会的な費用（これは，経済活動の主体以外の経済的影響という意味で「外部不経済」という）であり，外部不経済を経済活動に伴うコストとして内在化させるためには，政策誘導の手段である，規制，補助金，税などを用いて市場のゆがみを是正することが求められているからである．

こうした，現在の状況を受けて，今後のエネルギーはどのようなものが優位になっていくのであろうか．コストと供給安定性の良さが売り物だった原子力は，安全性についてその課題が浮き彫りになった．今後は，4つの視点から今後のエネルギーを考えていくことが必要であろう．ただし，4つの視点について，すべてに優位性を持つエネルギー源はない．どのエネルギー源も長所と短所がある．エネルギーの種類によって，使い勝手のよさ，エネルギー密度の高さ，効率性，など利点や欠点があり，利用形態によって最適なエネルギーの利用が行われ，多様なエネルギーが存在している．

今後も，変換効率の向上，転換の多様化，使いやすさなどの点で，エネルギーの効率と使い勝手をより良くしていくことが必要である．そうした点において，上記の利点を向上したエネルギー技術がシェアを伸ばすであ

ろう.

2.4 地理軸：エネルギー供給の地理的要因

　エネルギーの最適組み合わせは1つではない．地域によってエネルギーの利用のありかたは異なってくる．それは，経済発展段階，気候，エネルギー資源の地域的偏在性，エネルギーアクセスに必要なエネルギー輸送インフラの整備，自国が優位性を有するエネルギー技術の存在などの状況が異なるからである．図2.5はいろいろな国の一次エネルギー供給の割合を示している．まずエネルギー利用の割合がロシア，中国とその他の国々と違うことが読み取れる．国による違いの第一点は，途上国と先進国のエネルギー需要構造の違いである．それは，石油の割合であり，石油は輸送用燃料や石油製品への使用が多いため，経済の発展に従って，使用量が増える．したがって，一般的には先進国では，自動車の普及が進んでいるた

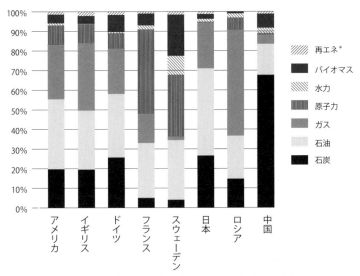

図2.5　世界の一次エネルギー供給（2013年）
出典：IEA（2015a,b）
＊：水力，バイオマスを除く．図2.6，2.8，2.11において同じ．

め一次エネルギーに占める石油の割合が高く，途上国では低い．

先進国の中にあっても，国によってエネルギー資源，エネルギーアクセス，自国の技術レベルが異なることが，異なったエネルギー供給構造を形成する．加えて当該国の国民世論，政治状況なども影響している．石油を除けば，イギリスは天然ガス，ドイツは石炭，フランスは原子力の割合が高い．そしてスウェーデンはバイオマスの利用が盛んである．これは，それぞれの国の資源賦存状況に依存している（フランスには水力以外の資源がない）が，それ以外にも，歴史的な経緯やエネルギー技術，国の政策によってエネルギーの組み合わせが成り立ってきている．ドイツの石炭と再エネの組み合わせ，スウェーデンのバイオマスと原子力，フランスの原子力という特徴のある3か国を取りあげて，それらの国のエネルギー供給の違いがどのような背景で決まってきたかを考察しよう．

2.4.1 ドイツ

ドイツは図2.6を見てもわかるように，非常にバランスのとれた一次エネルギー供給構造になっている．一次エネルギー供給では石炭の割合が高い．これは，ドイツには豊富な石炭資源があることに起因する．ドイツ

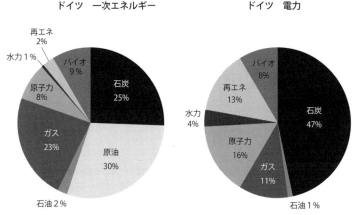

図2.6 ドイツの一次エネルギー供給，電力供給（2013年）
出典：IEA（2015a）

は，世界第 8 位の石炭生産国である．石油と天然ガスは輸入であるが，天然ガスはロシアからパイプラインを通じて運ばれる．ドイツは脱原発宣言をしたことで有名であるが，現実には2022年までは原発を使い続ける．また，再生可能エネルギーは2000年から，急激に伸びている．ただ，一次エネルギーに占める割合は，水力 1 ％，太陽光・風力などが 2 ％，バイオマス 9 ％となっている．発電電力量に占める石炭の割合（褐炭含む）は47％と最も大きく，再生可能エネルギーが25％，原子力が16％を占めている．再生可能エネルギーの中では風力の比率が35％と最も高く，次いで太陽光の22％である[iv]．ドイツの風力の占める役割を図 2.7 で見てみよう．下段の部分は化石燃料，原子力であり，中段は風力であり，ほぼ一定に発電量で推移しているのがわかる．つまり，風力はドイツにとって安定電源と言える．そして，風力発電の変動が生じた分については電力供給の平準化を図るため，他国との電力融通が大規模に行われている．風力の発電量が多いときは，余った電気をチェコなどに輸出し，風力が止まって電気が足りないときは，スイスや北欧の水力発電を輸入して，調整している．

　なぜ，ドイツの風力発電の出力は安定，継続しているのであろうか．ドイツの風力発電は，日本とはかなり成り立ちが異なる．ドイツの風力発電

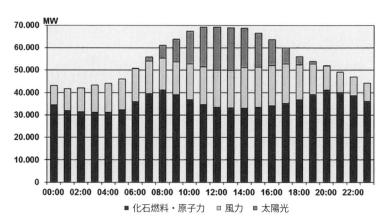

図 2.7　ドイツの時間別電力供給（2013年 4 月18日）
出典：IWR[v]

地帯は，大平原の放牧地帯である．牧畜農家が土地を提供することで風力発電を始めることができた．ドイツの首都ベルリンの周辺も見渡す限りの大平原におびただしい数の風力発電機が立ち並んでいる．ちょうど，日本であぜ道に沿って，並木が伸びているような風景である．あるいは，田んぼの中に立ちならぶカカシといった方がいいかも知れない．

　対して，日本は，もともと風力発電に向く広大な適地が少ないことから，小さい土地に地方自治体が町おこしの目的で始めたところが多い．次第に，風力発電事業者が山の斜面などを開発して風力発電機を設置する事業を始めた．この場合，風況調査や取り付け道路建設，山の造成などに係るコストを負担できる大手事業者に開発・運営がゆだねられている．

　ドイツは2030年までに電力供給に占める再生可能エネルギーの比率を50％に高めることを決めており，再生可能エネルギー比率の高まりとともに電力のコストも上昇している．再生可能エネルギーの拡大に伴い，ドイツの再生可能エネルギー向けの賦課金は，2011年で1兆3500億円に上っているが，とりわけ太陽光発電への優遇が目立つ．その結果賦課金のうちの50％は太陽光発電に充当された．にもかかわらず，再生可能エネルギーの発電量のうち太陽光は20％を占めるに過ぎない．太陽光の発電量は日照時間に大いに左右されるが，ドイツは欧州北部であり日照時間は平均1550時間，これに対して南欧では3000時間にも及ぶ．すなわち，ドイツは南欧に比べて太陽光の発電効率が半分しかないことになる[vi]．

　急速に進んだドイツの風力発電であるが，陸上では，適地が少なくなりつつある．大規模な電源を賄う規模の再生可能エネルギーとなると，北部バルト海における洋上風力が期待されている．しかし，電力の主たる需要地は，南部であるので，北部に発電所を建設した場合，南北に電力を送る送電線の建設が必要になる．ドイツ政府は，南北に大容量の送電線を建設する計画を有しているが，どの国においても，送電線の建設は地域住民の反対にあうことが多い．ドイツにおいても例外ではない．したがって，ドイツの再生可能エネルギーの増加計画は，送電線の建設という難題の解決にかかっているといえる．

2.4.2 スウェーデン

スウェーデンの一次エネルギー供給をみると（図2.8），原子力，原油，バイオ，水力の順である．

発電電力量の割合を見ると，水力と原子力で80％以上をしめている．スウェーデンなどの北欧は森林国であり，伝統的に豊富な水資源を活用した水力発電の依存割合が高い．また，一方，スウェーデンは，欧州ではフランス，イギリスに次ぐ原子力発電基数を持つ．国内世論は，原子力をめぐって推進と反対の意見が揺れており，政権が変わるたびにその政策は変化している．1980年の国民投票では原発の段階的破棄を合意した．しかし，これは現実的な代替電源の確保が条件となっており，2006年に発足した政権はこれを破棄し，原子力を推進する政策をとり，2009年のエネルギー基本政策によれば，原子力発電所の新規建設も認められていた．しかし2014年の連立政権は新規建設を凍結している．スウェーデンは，安価な水力発電と原発の組み合わせで，安定的な電源確保を図っている[vii]．

スウェーデンはエネルギー供給の中で，比較的バイオマスの比率が高いことで知られる．スウェーデンのバイオマス利用は地域熱供給のエネ

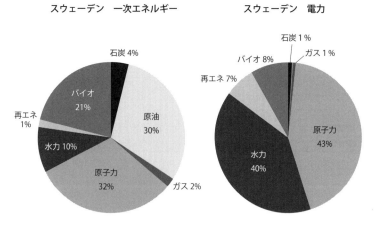

図2.8　スウェーデンの一次エネルギー供給，電力供給
出典：IEA（2015a）

ギー源として行われおり，森林から搬出される林地残材が使われる．スウェーデンでは，木材が公共の建物など大規模に使われており，林業からの残材も量が多い．もちろん，歴史的にはスウェーデンの熱供給も石油に依存していた．しかし，石油ショックを経て脱石油政策を進め，石油製品には高額のエネルギー税，炭素税が課されている．その結果，バイオマス燃料が価格的に石油よりも安くなっており，経済的にもバイオマス利用が普及する状況になっている．バイオマス利用には，スウェーデンの寒冷な気候とそれに対応する暖房需要も大きな要因となっている．スウェーデンの暖房は地域熱供給施設によって賄われており，それらの熱供給施設で使われていた石油がバイオマス燃料に転換されることで，比較的インフラコストをかけずにバイオマス利用を増加させることに成功している（図2.9）．

それでは，同じ森林国である日本でバイオマス利用が進まないのはなぜであろうか．これには，木材利用の違いがある．日本とスウェーデンの比較をすると，森林率ではほとんど差がない（ス66％，日64％）．にもかかわらず，木材自給率には大きな違い（ス139％，日18％）がある．その大きな理由は，北欧では，森林育成・生産の大規模化と製材の規格化によって，標準仕様の木材が進んでいることがある．一般に木材の使用量のうち，使用量が多いのは壁材である．図2.10は，スウェーデンのある大学構内

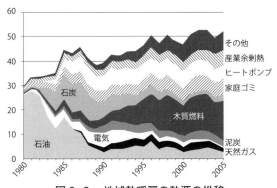

図2.9 地域熱暖房の熱源の推移
出典：占部（2009）[viii]

図 2.10　木材利用の取り組み（ある大学構内）

の写真であるが，壁や天井はもちろん，ドア，机，棚に至るまで，木材が使われている．このような木材利用は，公共施設では普通にみられる．このような多量の壁材の木材利用があって，その端材としての大量の木材チップの利用が可能となっている．日本では，かつては，木材自給率は100％を超えていた．それが，1960年代から，安価で品質の良い輸入品の増加と，木造建築の減少による木材需要の低下によって，日本の木材生産は，急激に衰退した．日本の木材生産，バイオマスを推進するためには，森林の所有権が多数の個人によって分割され生産のロットが非常に小さく効率の悪い日本の生産体制を見直し，標準規格の木材の大量生産体制と需要を創出することが必要となる．

2.4.3　フランス

　フランスは原子力の比率が高い．一次エネルギー供給に占める割合も4割近い（図2.11）．発電電力量では75％を原子力が占める．余剰な電力は近隣国に販売している．電力会社は国営電力 EDF 一社であり，すべての電力事業を担っており，欧州の中では特異である．こうした，フランスの高い原子力への依存は，第二次世界大戦の教訓および石油ショックから，エネルギー自立という意識が強く働いているといわれる[ix]．ただ，現在のオランド政権は，初めて原子力に後退の政策を掲げ，原子力比率を2025年には50％まで低減させると公約している．しかし，現政権も連立政権であ

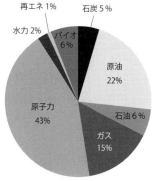
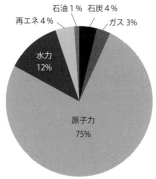

図 2.11 フランスの一次エネルギー供給,電力供給

り,その政策は一枚岩ではない.

　原子力政策としては,原発は,分散立地を行っており,日本のように一か所に多くの原発が集中している地域はない.したがって,フランス全土で原発は迷惑施設ではなく,原発への国民的コンセンサスが進んでいるといってよい.原発の標準化や技術開発にも注力しており,欧州加圧水型炉（EPR）を製造,建設している.さらに,核融合実験施設なども誘致して,自国の原子力技術開発を進めている.このようにフランスは原子力技術の開発をリードする政策をとっている.

　現在,原発の建設技術をもっている国は,アメリカ（ウエスチングハウス,GE),日本（三菱,日立,東芝),フランス（アレバ）に集約されている.他に中国,韓国,ロシアも原発建設技術を持っている.

2.4.4 まとめ

　ドイツ,スウェーデン,フランスの一次エネルギー供給の違いを見てきた.地域的なエネルギー供給の違いは,エネルギー資源,インフラ,技術の違いが背景にある.ドイツやスウェーデンの事例は,このことをうまく表している.しかし,フランスで原子力が大きな割合を占めることは,ど

のように説明ができるだろうか．フランスで原子力が高い支持を得ている理由については，多くの論争を呼んできた．

　これを考えるうえで，電力供給の歴史を考えてみることにしよう．電力供給は，火力，水力から始まり，1940年代から原子力が導入され，1980年代以降風力，太陽光などの再生可能エネルギーの普及が図られてきた．ドイツは，石炭資源が豊富なので，歴史的にベースロード電源として石炭火力が定着し，原子力や風力なども導入された．すなわち，石炭があくまでベースロードとしてあって，原子力や再生可能はそれに追随するエネルギーとして伸びてきた．また，再生可能エネルギー，特に風力発電の固有技術が発達したため，再生可能エネルギーは国内では準ベースロードとして重要な電源となりつつある．スウェーデンでは，水力が豊富なため，水力がベースロード電源として存在する．加えて，脱石油のため原子力やバイオマス利用などが進んだ．原子力の位置づけについてはスウェーデンでは国内での論争が続いている．したがって，原子力はベースロードではなく代替可能な電源として位置付けられている．他方，バイオマスの固有技術が発達したため，バイオマスはベースロードに位置づけられている（特に熱利用）．フランスには，石炭資源はなく，水力資源もベースロードになるほどの供給量がなかった．そして，最初に固有の技術として原子力が開発，導入されたとき，それがフランスのベースロードとして位置付けられたのではないだろうか．

　このように，地理軸の考え方においては，エネルギー資源の存在，インフラ，固有技術などが大きく影響しており，その場合，歴史的な技術の発達も影響している．エネルギーの歴史の一場面で起きた時の状況が国々によって異なるため，制度が違ってくる．すなわち，国によって制度の経路依存性があるといえる．

注

i　リチャード・ムラー（2014）『エネルギー問題入門』楽工社．

ii 日経サイエンス：特集「エネルギー」(1980) 日本経済新聞社.
iii Hilyard Joseph (ed.) *2008 International Petroleum Encyclopedia*, Pen Well Corp.
iv AGEB (2015) *Bruttostromerzeugung in Deutschland ab 1990 nach Energieträgern*, Arbeitsgruppe Energiebilanzen e.V.
v IWR (2013) Internationales Wirtschaftsforum Regenerative.
vi 熊谷徹 (2012)『脱原発を決めたドイツの挑戦』p. 17, 角川書店.
vii 脇坂紀行 (2012)『欧州のエネルギーシフト』p. 35, 岩波書店.
viii 占部武生 (2009)「スウェーデンにおけるバイオマスのエネルギ利用について」『龍谷理工ジャーナル』21(2), pp. 69-78.
ix 脇坂紀行 (2012)『欧州のエネルギーシフト』p. 46, 岩波書店.

問題

1. 20年後，30年後，50年後のエネルギー供給がどのように変化するか，考えてみよう．
2. ドイツの再生可能エネルギーの拡大，スウェーデンのバイオマスの利用，フランスの原子力，それぞれが進んだ理由を考えてみよう．

参考文献

桂井誠 (2013)『基礎エネルギー工学』数理工学社.
田中紀夫 (2002)『エネルギー環境史Ⅲ』ERC 出版.
平田哲夫ほか (2011)『エネルギー工学』森北出版.
IEA (2013) *World Energy Outlook*.
IEA (2015a) *Energy balance of OECD countries*.
IEA (2015b) *Energy balance of non-OECD countries*.

第 2 部
エネルギー供給

第3章
日本のエネルギー供給体制

　エネルギーを考えるうえで重要な課題として供給体制を考えよう．エネルギーは種類ごとに違った供給体制となっている．そこで，この章では，エネルギーの種類ごとに供給体制の特徴と課題を解説する．電気は，送電線にのってどのようなところにも送られ（輸送のしやすさ），どのような用途にも使われる．ガスもパイプランで運ばれる．他方，石油は，多様な運び方があり，多様な用途に用いられる．また，電気はどこへでも送られるという便利な反面，貯めることができないという欠点をもつ．これが同時同量という電気特有の問題を生んでいる．

　なぜ，エネルギーにおいて供給体制が重要になってくるかといえば，エネルギーは，一般の消費財とはかなり違う供給構造を持っているからである．一般の消費財は，市場の中で需要と供給に従って，価格や供給量が決まる．そのため，一般の消費財においては，個々の供給者はお互いに競争をして，より安い価格で供給する．また，供給量は需要量とのバランスで決まる．このような市場を競争的市場という．しかし，エネルギーは，供給者が限られる場合が多い．電力や都市ガスは地域で供給者が一社しかない状況であった．こうした場合，エネルギー市場においては，独占的に供給する企業が市場の価格や供給量をコントロールできる．政府が市場に介入して，新規参入者を入りやすくするような政策をとって，価格や供給量を適正なレベルに誘導する政策介入が必要となる．この考え方を踏まえて，現在，電力自由化やガスの自由化が進められている．こうした改革の結果，エネルギー供給はどのように変化するのか，そのメリットデメリットについても考えていきたい．エネルギーは必需品であることを踏まえた，自立

的，安定的な供給体制について見ていくことにしよう．

3.1 供給体制の現状

3.1.1 電力供給体制

電力は，地域ごとに10の電力会社が供給を担っており，それぞれの電力会社が地域で独占的に発電，送電，配電を通じた供給を行ってきた．このような，発電・送電・配電が一体となった電力設備を電力系統という．しかし，歴史的にみると1951年に現在のような体制になる前は，明治から大正時代は電力会社が熾烈な競争を展開し値引き合戦を繰り広げる時代，戦時中は国営の日本発送電が発電・送電を担い民間会社が小売りを担う体制であった．1951年に，日本発送電が分離され，現在のような9電力会社がそれぞれ発送電を一貫して担う体制になった．9電力会社発足当時は，電力間での競争もあり，活力もあった[i]．

電力供給は，日本が高度成長時代を迎えた1952～1973年には年率12%で電力需要が伸びている[ii]．このような電力需要の上昇に対応するため，1952年に電源開発促進法が制定され，政府が電源開発計画を策定して，政

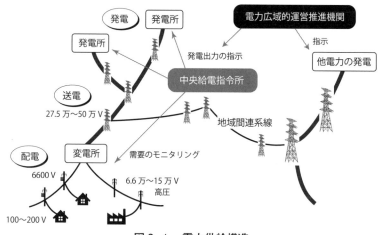

図3.1　電力供給構造

府主導で電源開発に取り組むことになった．さらに，1964年には電気事業法が制定され，電気事業者は，供給義務とともに電圧や周波数の維持を義務付けられ，円滑な電源開発のために10年間の供給計画を政府に届けることを義務付けられた．このように，電力供給は国策として政府の主導のもとに，地域での電力会社が供給を担う体制が構築された．

しかし，その後，高度経済成長の終わりとともに電力需要の伸びも鈍化（1974年～1994年の伸びは3.5％/年）し，それに伴って電源開発促進法は2003年に廃止され，電力会社の自由度が増すとともに，電力産業の自由化も始まった．1995年からは発電部門の自由化が，2000年からは小売部門の自由化が始まった．

しかし，この供給体制は，2011年の東日本大震災で大きな課題に直面した．多くの発電所が罹災し電力の供給不足が発生した．東京電力では当時の供給力5200万kWのうち2100万kWの電源が使えなくなった．その結果，想定需要4100万kWに対し供給力が3100万kWと大幅に不足する状況になった．震災直後の2011年3月には，のべ10日間の計画停電が実施され，夏には15％の節電が求められた．日本全体としては，電力供給能力があったにもかかわらず，従来の地域ごとに需給のバランスをとる考え方から，他電力からの融通が十分できなかったためである．この反省から，日本全体で電力の需給を管理するシステムや他電力からの融通を可能にするような地域間連系線（電力会社と電力会社を結ぶ送電線）の増強が必要とされた．さらに，日本の高い電力料金と自由化の問題の遅れも問題となった．日本の電力料金は，総括原価方式と呼ばれるコストと利潤を積み上げた価格を販売価格とすることが認められてきた．これは，電源開発のため適正な利潤を確保することを目的としていたが，電気料金の高止まりの大きな原因の1つであった．

こうして，東日本大震災を契機に，さらなる自由化を進め，競争原理によって価格の低下を図ることが必要とされ，家庭用電力を含めた全面自由化が決まった．また，送電・配電部門を発電や小売りと切り離す電力構造改革を行うこととなった．

3.1.2 ガス供給体制

　ガスは多くの都市ガス事業者がそれぞれ限られた供給地域で独占的に供給している．日本では，209の一般ガス事業者（いわゆる都市ガスの供給者）が，地域ごとに存在しており，大手企業として東京ガス，東邦ガス，大阪ガスが三大都市圏において供給している（図3.2）．しかし，その3社においても，例えば東京ガスの供給地域は，東京，神奈川の東半分および関東5県のごく一部の地域であり，極めて限られた地域になっている．これは，電力においては東京電力が関東圏のほぼすべての地域（八丈島や三宅島まで）に供給している状況とは大きく異なっている．

　それぞれのガス会社の供給地域が分断されていることに加え，ガス会社間相互のパイプラインは整備されていない．このため，あるガス供給事業者が供給不能になった場合の他社のバックアップがとれない状態にあることが，東日本大震災において問題となった．欧州においてはガス供給のパイプラインが各国につながっており，ガス供給網が広がっている．したがって，通常の取引としての役割を担うパイプライン網の整備が検討されてい

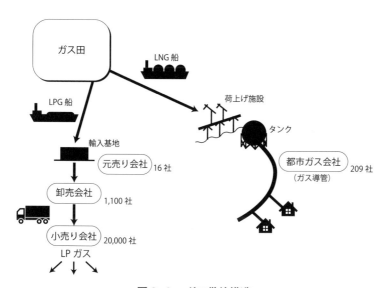

図3.2　ガス供給構造

るが，このパイプライン網は緊急時の融通としても重要な役割を持つ．今後，日本でもガスパイプラインの整備をどのように行うべきか，どのような投資効果が見込めるか，など今後のガスへの依存度とあわせて検討すべき課題となっている．

　また，ガス供給のためには，海外から運ばれてきた液化ガスを貯留し気化する荷揚げ施設が必要であり，ガスパイプラインとともにこの荷揚げ施設（このような施設をネットワーク施設という）の存在が，ガスの新規参入者を阻んできた．このようなネットワーク施設を共有化し，ガス市場をネットワーク事業者と販売事業者に分割する計画が進められている．これは，電力市場の自由化と同等の自由化になる．また，都市ガス供給地域以外では，約2万社のLPガス販売事業者によりガスボンベによる供給が行われている．ボンベ形式だとネットワーク施設がいらないため，地域で複数の事業者が存在している．すなわち自由市場であり，価格も都市ガスが電力料金と同じく認可料金であるのに対し，自由な価格である．また，ガスボンベにて配送，保管がなされるため，分散型エネルギーとして緊急時での対応に向いている．横浜市においては地区避難所（多くは小学校）において，LPガス設備を具備している．他方，LPガス価格は都市ガスに比べて高止まりしており，契約価格の情報開示が不十分などの問題が指摘されている．市場の公平性，透明性の確保のため，市場情報の開示は重要なステップである．

3.1.3　石油供給体制

　石油産業は，原油の開発や販売を行う石油開発会社，原油を輸入して各種製品を精製して作る精製会社，精製した石油製品を販売する元売り会社（精製会社と元売り会社は同じ会社である場合が多い），ガソリンなどを販売するガソリンスタンドなどから構成される（図3.3）．このうち，元売り会社は，製油所をもち，石油の輸送を行い，需要家まで届ける．途中には，油槽所という在庫を持つ中継基地も有している．つまり，供給，輸送をコントロールしている．そのため，かつては，元売り会社は石油業法で

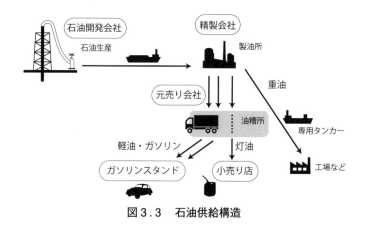

図3.3　石油供給構造

規制されており，石油の供給量も政府のコントロール下にあった．しかし，石油業法は2001年に廃止され，石油の供給量や価格についての政府の規制は撤廃された．その結果，各石油供給事業者は，電力，ガスと異なり，法律上の供給義務がなくなっている．

　また，石油の場合，電力やガスのような単一の財の供給と異なり，ガソリン，軽油，灯油，重油など多様な製品を供給している．これらの配送は，先の元売り事業者が自社の配送網を使って行っている．東日本大震災において，灯油や軽油，ガソリンの配送が東北地域でできなくなるという問題が発生した．これは，各社は自社輸送を行っているため，他社の施設を利用して供給することができなかったからである．

　また，電力不足から休止していた石油火力が再開したことから，石油火力用の重油の需要が上昇した．石油は，原油を多段階に精製して，連産品として一定の割合でガソリン，灯油，軽油，重油などの製品を作っている．したがって，1つの製品を多量に作ると他の連産品が余ってしまうことが起こり得る．従来は，ガソリンの需要が高かったため，ガソリンが少なく他の石油製品がだぶつくという現象が見られた．東日本大震災では，重油の需要が高まり，このため，輸送手段である重油専用タンカーや重油タンクの不足といった事態も生じた．このように，石油製品の供給体制におい

て製品ごとの供給体制や特定の石油製品への需要への補完体制などが課題として挙げられる．

3.2 エネルギー供給構造改革

東日本大震災で明らかになった課題を踏まえて，日本のエネルギー供給体制の見直しが進んでいる．現在，電力構造改革が進められているが，エネルギー供給体制の改革は，歴史的には石油産業で始まった．そのため，自由化に伴うさまざまな問題も石油産業で顕在化している．そこでまず，石油産業の構造改革の歴史を概観してみよう．

3.2.1 石油産業構造改革

エネルギー供給体制の改革の先例として，日本では石油事業の自由化が2000年代に行われた．それまでは，日本の石油業界は長年石油業法によって保護されており，この法律によって石油業界は，資源エネルギー庁の監督下に置かれ，設備投資や販売計画に政府の指導を受けていた．しかし，石油販売の競争が高まり，特に海外からの割安な石油製品が流入してきたことから，日本の石油企業を保護することによるデメリットが多くなってきた．石油業法は2001年に廃止され，石油の規制は撤廃され，市場は自由化された．もともと，石油業界には，石油製品を製造，卸売り，拠点配送する元売り事業者と，小売りを行う事業者がいる．小売りを行う事業者は自由化されているので，石油業法によって自由化されたのは元売り事業者である．この自由化によって，海外からの安価な石油製品の輸入も自由化され，石油価格の自由度は高まった．

しかし，東日本大震災においては，石油供給をめぐる様々な課題が明らかになった．まず，東北地域における軽油，灯油の輸送が著しく停滞した．これは，仙台の製油所が被災し石油出荷能力がなくなったこと，油槽所が被災し配送が行えなくなったこと，道路の被災，などそもそも石油製品の製造・配送が困難になったという物理的理由がある．これに加えて石油市

場は自由化されていたため，政府が石油業界に供給を要請しても，それは強制力を持ったものではないし，情報の不足も手伝って，輸送はなかなか進まなかった．この経験を踏まえ，緊急時の石油供給体制の在り方として，連絡体制などの緊急時対策が打ち出されることになった．エネルギー供給業界に対しては，何らかの政府の関与，供給確保のための方策が必要となってくる．

このように，エネルギー部門の自由化を行う際に留意すべき点として，供給保証体制の確保がある．必需品であり，かつ代替財が短期的に調達しにくいエネルギーの供給については，緊急時における供給体制と平常時における供給体制の2つの観点からの取り組みが求められる．

3.2.2 電力構造改革

電力構造改革は，発電会社，送電会社，配電会社の分離（発送電分離，いわゆるアンバンドリング）と電力市場への自由参入を認めること，に分けられる．いままで，電力やガスは地域ごとに特定の企業によって供給されてきた（地域において特定の企業が独占的に事業を行うことを地域独占という）．このような地域独占が存在する理由は，電力やガスには送電線や荷揚げ施設・パイプラインといった巨大なインフラ（ネットワーク施設）が必要であり，こうした大きなインフラを所有する事業者が一人で事業を行うことが効率的であり，責任の所在も明確だったためである．

それではなぜ，構造改革が必要なのであろうか．それは，独占の弊害として，価格が高止まりすることが1つの理由である．これを改めるには，自由競争を入れる必要がある（詳細は理論解説参照）．そのために市場に新規事業者の参入を促すことが必要であり，市場の自由化が行われる．2つ目の理由は，柔軟性を欠く供給体制である．これを改善するために電力会社間の相互の電力融通を高めるとともに系統運用者によって広域的な電力需給の運用を行うこと，そして発電・送電・配電を分離して，送電については独立した事業者がコントロールを行うこと，を目的とする．電力市場の自由化のためには，送電網を新規参入者が適切に使用できるようにす

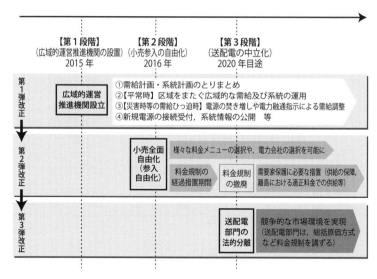

図3.4　電力構造改革のスケジュール

ることが必要であるので，市場の自由化と発送電分離の両者は密接不可分である．

　このように電力会社を発電会社，送電会社，配電会社に分割することは，欧米では，1990年代から行われている．イギリスでは1990年に送配電の分離が行われ，1999年に完全自由化がなされた．アメリカでも一部の州で1996年に自由化が行われた．他方，フランスのように現在でも国が株式の過半を有する電力会社が送配電を一体的に運営している国もある．日本では，電力市場の改革は，1995年に電気事業法改正によって発電事業への参入が認められたことに始まる．さらに，1999年の法改正によって，2000年から小売りの自由化が始まった．この自由化は段階的に拡張されてきた．2016年4月から小売全面自由化が実施される．送電網の独立性確保としては，送電網の広域的運営を中立的立場から行うための電力広域的運営推進機関が2015年4月に設立され，独立した系統運用の試みが始まった．これを踏まえ，2020年を目途に送配電部門の法的な完全分離が予定されている．（図3.4）

《理論的解説》　エネルギー産業の適正な市場

　伝統的な経済理論によれば，市場が完全競争市場であれば最適な資源配分が可能になると説明していた．これを厚生経済学の基本定理という．完全競争市場とは，①個々の企業の規模は無視しうるほど小さい，②製品は同質である，③情報はすべての企業に透明である，④参入退出は自由である，という4つの条件が満たされることである[iii]．しかしながら，現実の市場は上記のような市場ではなく，寡占市場や独占市場といった不完全競争市場の状態にある．このような市場では，単純な競争促進が必ずしも効率性の改善に結びつくとは限らない．また，寡占市場においては，そこにカルテルなどの共謀が発生する要因が強い．なぜなら，限られた企業の間で価格を調整することにより，高い利潤を得ることができるからである．理論的には，企業数が少ないほど，価格は高くなることが知られている．

　市場が独占や寡占になるのは，新規に参入する企業への障壁が存在するからであり，これを参入障壁という．参入障壁は，絶対的費用優位性もしくはサンクコストがあることをいう．絶対的費用優位性とは，特定の企業が不可欠な技術やインフラを所有している場合である．サンクコストとは，生産量に依存しない固定費用であって転売等で容易に回収できない固定費用があることである．

　電力やガスのような産業においては，ネットワーク施設（送電線やガス管）を利用することがビジネスを行う上で不可欠であるが，このような施設を不可欠施設といい，これは典型的なサンクコストである．なぜなら，送電線は発電施設と異なりそれ自体が製品を生む施設でないので，その費用を回収できない固定費用である．こうした施設は，いわば公益的施設あって，不可欠施設を有する事業者が生産することが効率的なので，市場は独占となる．このようなケースを自然独占といい，不可欠施設がある中では効率を高めることができる．他方，自然独占は数々の弊害も有する．それは，独占に伴う非効率や独占的価格の設定の発生である．こうした状況には，政府による価格の規制が必要であると考えられてきた．この考え方にしたがって，いままで，自然独占が許容されつつ，政府による価格の規制が行われてきた．しかし，政府が価格に加入する場合，はたして政府が正しい価格を知りえることができるのかという疑問が残る．価格が適正かどうかは，複数の新規参入者の競争によって測ることができる．その場合，自然独占市場に自由参入を可能とするためには，この不可欠施設を既存事業者の独占とせず，新規参入事業者も利用できる仕組みが必要となる．新

規事業者が既存事業者の有する不可欠施設を利用できることが第一ステップである．これをオープンアクセスという．電力事業においては，新規事業者が既存事業者（電力）の持つ送電線を使用することが認められた（これを託送と言う）．しかし，これでは，送電線は既存事業者の思惑で運用される可能性があるため，送電線を既存事業者の所有から切り離し第三者の所有，管理に移す必要がある．そうでなければ，送電会社と一体となった発電会社は，新規参入者の送電（託送）を妨害するかもしれない．また，発電会社は発電コストより安い電力を販売し，その差額を送電部門で補てんし，新規参入者が入ってくることを妨害するかもしれない．そのために，発送電の法的分離が必要となる．

また，市場構造の説明には，情報の経済学が用いられる．一般に優越的地位にある企業が取引を行う場合，情報の非対称性が発生する．特に市場の企業参加者が少数の場合は，取引は相対取引となり，市場情報は限られた事業者が占有する場合が発生する．このような場合，新規参入が阻害されたり，優先的地位の乱用が生じたりする．

このようにエネルギー市場の効率性を論じるには，市場構造を踏まえた議論が不可欠となる．これは，産業組織論という分析枠組みで研究されている．

3.2.3 構造改革に伴う課題

市場が自由化されることに伴う課題の1つとして，ユニバーサルサービスの確保がある．ユニバーサルサービスとは，日本全国に最低限のサービスを確保することである．この用語は，郵政民営化に際して，大いに議論になった．ユニバーサルサービスは，必需品を供給する産業の自由化にあっては，常に議論となる．まず，先行して自由化が進んだ石油産業におけるユニバーサルサービス問題を見てみよう．

石油産業は，灯油，ガソリン，などの生活必需品を供給している．石油業界にあっては，ガソリンスタンドの廃業に伴う山間部などにおける供給体制の欠落が問題となっている．自由化にあたっては，常に全国津々浦々の供給を確保することを考える必要がある．ガソリンのユニバーサルサー

ビスの確保は，そもそもガソリンスタンドが私企業によって経営されていることから困難な課題である．この問題は，将来の山間部や限界集落などの地域での交通手段をどう確保するかという大きな課題にもつながっている．電力とガスについては，今後，自由化とともに，供給義務は解除され，どのようにユニバーサルサービスと緊急時の供給を確保するかが重要な命題である．

電力の自由化に伴い，最初は，競争の促進を通じてコストの引き下げ競争が生じる．また，自由化前の小口小売りの契約は，消費者の選択の余地が小さいが，事業者が参入すると多様な契約条件が出現することが予想される．例えば，全量再生可能エネルギーによる供給を提供する事業者が表れるだろう．また，ピークカットを行う代わりに平時は割安な料金，夜間のみの供給を行うサービスなどが考えられる．こうした消費者選択が増えることは一見好ましい．しかし，選択が増えても，その選択に参加できない人々（例えば，地方都市など人口が少ない地域，電気をあまり使わない世帯）が生じ，格差が発生する．また，新規参入者が緊急時に対応できない場合のバックアップ体制も考慮する必要がある．電力市場の自由化後は，供給者は需要が満たせなくなった場合にペナルティを支払う必要があるものの，供給義務はなくなる．電気の供給途絶は病院施設や冬の暖房においては生命にかかわることでもある．市場の自由化においては，市場におけるユニバーサルサービスの確保，緊急時対策や格差の発生といった課題への対応も重要である．

3.3 電力供給の安定化と課題

電力供給には，他のエネルギーにない特殊な要因がある．それは，電気は貯められない，という特徴であり，そのために，電気の供給と需要は常に一致していなければならない．これを同時同量（それぞれの時間で供給量と需要量が同量であること）という．この電気の性質が電力供給に特殊な問題をもたせている．

3.3.1 供給と需要のバランス

　日本の電力供給体制は，非常に高品質かつ安定したエネルギーを供給してきた．これは，欧米の供給品質と比べても際立っている．例えば，2002年の停電時間（分／軒・年）はアメリカ69，イギリス73，フランス45に対して東京電力で12であった[iv]．他方，日本においては，電力は電気事業法によって電圧・周波数の維持と供給義務が課せられていることもあり，電力会社は，この品質と電力供給に応えるため充分な予備力を有していた．電気の場合は貯めることが困難であるので，需要が急増したり，発電所が故障したりした場合に備えて，予備電源をもっておかねばならない．供給と需要がアンバランスになれば，周波数の乱れや電圧の低下が生じて，安定的な電気の供給に障害となる．それが拡大すると，安全装置が働いて停電が発生する．この問題は供給が不足したり需要が増大した影響で生じる．さらには出力が安定しない再生可能エネルギーの大量導入に伴い大きな問題になる．

　世界的に電力の安定供給は大きな課題になっている．これは，1つには，電力市場の自由化によって，電力供給の予備率が下がっていることがある．一般に，自由化されるとコスト競争力のある発電施設が生き残り，追加的な発電や送電の新規投資がなされなくなる危険がある．カリフォルニアで2000年に生じた大規模な停電はこのことを想起させる．このときのカリフォルニアでは予備率が1％まで下がっていた．欧米においては，2000年代から，自由化によって，競争原理が持ち込まれ，供給設備が余裕のない状況になっている．こうした競争市場での問題は，だれが供給の責任を持ち設備投資を続けていくかということである．課題を整理すれば，①系統運用における供給信頼度，②系統運用能力，③発電設備の送電設備の整備，④系統運用者間の連絡や給電指令対応，などが指摘[v]されている．電力は需要と供給が基本的に一致していなければならないし，そのギャップが拡大すると安全装置が働いて供給が停止する．自由化において，最終的な電力需給のバランスをとる者の責任の明確化と，長期的な視点での送電線の増強や電力融通を明確化することが必要となってくる．

《解説》 周波数制御の方法

　以下の周波数調整の解説は，石亀（2013）を参考にしている．関心ある読者は，石亀氏の著作を参考にされたい．

　通常，非常に短時間（秒単位）での需給ギャップは，発電機の出力が調整されることで，周波数調整が自動的に行われる．これをガバナーフリー運転という．ガバナーフリー運転は1分以下の非常に短い変動への対応方法である．また，10分程度のギャップは，負荷周波数制御（LFC）という方法で対応する．具体的には中央給電指令所から各発電所に指令を出して発電量を増減させる．一般には応答スピードの高い火力発電所の出力を変化させる．この方法は10分程度の変化スパンに対応するもので，例えば，風力で風が止まった場合，あるいは天候の急変による太陽光の出力変化などに対応する．そのため，調整電源である火力発電を一定の負荷運転で動かしておかねばならない．

　また，それより長い日単位での周期の変化への対応には，経済負荷配分（ELD）という手法を用いる．事前に各電源の出力を割り当てておくということで対応する．例えば，雨の予報であれば太陽光が期待できないため，他の電源（火力，水力など）を動かす予定にしておく．この方法では最適な電源選択があらかじめ予定できるため，予測の精度を上げることが，再生可能エネルギーの負荷変動へのコストを下げることにつながる．現在，天気予報から将来的な電源調整を行う予測技術の開発が進められている．このような電源調整は LNG 火力などのほか揚水発電や蓄電池でも対応可能である．揚水発電は，比較的長期の変動に，蓄電池は中期〜短期の変動に対応する．蓄電池の中でも長寿命でエネルギー密度が高く大容量化が可能な NAS 電池（電極にナトリウムと硫黄を使う二次電池）や長寿命で高速出力可能なレドックスフロー電池（2種類の電解液を反応させて充放電させる電池）などの大容量蓄電池は中長期変動対策に適している．

　電力は，需給のバランスが崩れると，周波数と電圧が変化する．もし周波数が大きく変動すると，モーターの回転数が変化し，例えば，紡糸過程での品質にむらができるといったトラブルが発生する．発電側でも周波数が低下するとタービンが振動して疲労破壊に至る可能性もある．周波数調整の方法は，解説を見てほしい．

3.3.2　電力の安定供給に向けた方策

　各地域電力会社は，地域内の電気の需給のバランスをとり，需要が大きくなった時に対応するため多くの予備電源を持っていた．それでも対応できない緊急時（大型発電所の故障など）に備えて，電力会社間で地域間連系線を設けてきた．しかし，この地域間連系線の容量は，地域内の大型発電所のシャットダウンに対応する容量に対応するように設計されており，その容量には限りがある（図3.5）．

　供給力を相互に融通するシステムがあって，日本全体で電力会社が一体となって融通し合えば，各社ごとに大きな電源を持つ必要はなくなる．現在，日本において電力会社間の電気の相互融通が極めて限られた量でしか行えないのは，いくつかの理由による．特に東西の電力会社は周波数が異なるから，両者の間の電力融通には周波数変換所が必要である．現在，この周波数変換所の容量は120万kWしかなく，東西間の電力融通容量は小さい．これが，東京電力管内で生じた2011年の東日本大震災による電力不足や，2014年の西日本の電力不足において大きな障害となっている（図3.5）．なお変換所は，現在，210万kWに増強中である．長期的には300万kWまで拡大する計画である．

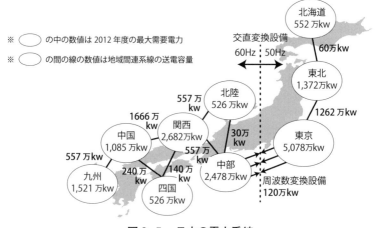

図3.5　日本の電力系統

ショートコラム◆なぜ，日本では東西で周波数が異なるのか

　日本の電源周波数は，東日本が50Hz，西日本が60Hzとなっている．主要な先進国で国内に異なる周波数が存在するのは日本ぐらいといわれている．

　第二次世界大戦前には，日本には都市ごとに，私営や公営の小さな電力会社が多数あった．1913年には全国で339社の事業者があった．それらの電力会社は海外の発電機を導入して，発電事業を行っていた．東京では，東京電燈がドイツ製の50Hzの発電機を導入し，大阪では，大阪電燈がアメリカ製の60Hzの発電機を採用した．これが広がったため，東西で周波数の異なる地域が発生した．

　この周波数を統一しようという話はたびたび起っている．しかしこのためには数兆円という経費がかかるとされ，実現には至っていない．ちなみに，電力会社が合併してきた中で，周波数が統一されなかった地域もある．例えば，九州は60Hz地域であるが，延岡や水俣の一部で50Hz地域が残っている．

　今までも大規模な電源脱落時には地域間連系線を活用した融通が行われている．例えば，2012年夏，北陸電力では，最大需要526万kWに対し，最大停止93万kWが生じている．この時は，地域間連系線を活用し他電力からの供給でしのいでいる．北海道電力においては，このリスクはさらに高くなる．供給力600万kWに対して，過去の最大電源脱落平均は114万kWである．北海道電力は，東北電力と北本連系線でつながっているのみであり，この最大融通量は60万kWであり，他電力からの融通は限られている．

　さらに，電力間を結ぶ連系線は，新規参入事業者の託送（ある地域で発電所を持っている事業者が別の地域で電気を販売する場合，地域間連系線を活用する必要がある）や再生可能エネルギーの導入に必要な調整能力の融通の役割も期待されている．風力，太陽光といった再生可能エネルギーの大量導入のためには，調整電源が必要であるが，この調整電源を他の電力に依頼できれば効率的な導入が可能となる．日本においては，このため

の電力会社間の電力融通はほとんど行われていなかった．ようやく，近年，東北電力の風力発電の拡大のための調整を東京電力が担うために，連系線が活用されるようになった．送電網の着実な整備ととともに地域間連系線の増強について電力広域的運営推進機関での検討も行われている．

3.4 今後の電力市場の行方

　今後の電力市場はどのような姿になっていくであろうか．送電が独立系統事業者によって管理され，発電，配電が自由化されると，新規事業者が参入してくる．しかし，発電は資本を必要とする事業なので，それに参入する事業者は相当な資本を有する事業者に限られる．したがって，新規参入者としては，いままで地域を独占していた電力事業者が別の地域に参入していく，あるいは同じ地域の他のエネルギー供給者（ガス，石油）が参入することが考えられる．そして，最終的には，現在の電力会社は統廃合によって，限られた電力供給者に集約され，その限られた事業者が規模の経済を生かして，料金引き下げ競争が発生するかも知れない．そうすると，競争力のない事業者は市場から脱落し，むしろ市場の事業者の数が少なくなることもありうる．その結果，寡占市場になれば，結果として自由化によって価格の引き下げは生じない可能性がある．事実，すでに自由化された欧米市場においては，最初は価格の低下が生じたが，しばらくすると，規制緩和によって価格転嫁がしやすくなり価格は上昇に転じているという報告もある[vi]．

　市場の自由化に伴い，小売市場では最初は多数の参入者が現れるが，次第に複数の限られた供給者に集約されることは，他の産業でも見られる．たとえば，電話産業でも大手の寡占市場となり，航空産業でも2社の寡占市場に戻っている．同様のことは，石油産業でも見られ，石油元売り企業の合併によって元売り企業は3社に集約されようとしている．このように，市場支配力を持つ複数の大手企業によって市場が寡占化し，限られた企業によって市場が硬直化することがみられるのである．

電力市場と似たような構造を持つ産業に，かつての電話産業がある．電話は，固定電話と電話線によって成り立っていた．電話線は，電電公社，のちのNTTによって運営され，新規事業者はNTTの電話線を借りねばならず，新規事業者の参入が阻害されてきた．しかし，携帯電話は，地上局の設置のみで済むため，固定電話回線は不要である．すなわち，電話回線網というネットワーク施設が不要になったので，地上局が設置できる電話事業者（移動体通信事業者，MNO）は対等な立場で参入できるようになった．しかし，地上局の設置には相当な資金投資が必要であるので，参入事業者は限られる．現在は，ドコモ，au，ソフトバンクがほぼ対等な競争条件で市場競争を繰り広げている．また，最近は，自らは地上局などの設備を持たずMNOの回線を利用した，仮想移動体通信事業者と呼ばれる事業者（MVNO，イオンモバイル，楽天モバイルなど）も登場して価格の引き下げに寄与しているが，そのシェアはまだ小さい．

　理論的にも，伝統的に自由市場が最大の社会厚生をもたらすと考えられていたが，近年，過剰な新規参入者の存在はかえって社会の厚生を低下させることが知られるようになった（過剰参入定理）[vii]．これは，新規参入者が増えると，サービス内容が画一化し，新規参入者が既存の事業者のシェアを奪っても，それは，単に供給者が交代するコストが増えるだけである，という考え方である．携帯電話会社が繰り広げる，乗り換え営業はその事例かもしれない．

　今後，自由化によって，どのような市場が形成されるのか，読者は考えてみてほしい．

注

i 　橘川武郎（2011）『経済産業政策史：資源エネルギー政策』経済産業調査会．
ii 　橘川武郎（2004）『日本電力業発展のダイナミズム』名古屋大学出版会．
iii 　植草益ほか（2002）．
iv 　築舘勝利（2004）「日本の電気事業制度について」

http://www.yuseimineika.go.jp/yuushiki/dai4/4siryou2.pdf
v 穴山悌三（2005）.
vi 山内弘隆・澤昭裕（2015）.
vii Mankiw N. G. and Winston M. D. (1986) "Free entry and Social inefficiency" *Rand Journal of Economics*, 17, pp. 48–59.

問題
1．電力自由化のメリットと弊害は何か．
2．電力の発電・送電・配電の分離と小売りの自由化は，どのような関係があるのだろうか．
3．電力，電話，航空路線の自由化の違いについて考えてみよう．

参考文献
穴山悌三（2005）『電力産業の経済学』NTT出版.
石亀篤司（2013）『電力システム工学』オーム社.
植草益・井手秀樹・竹中康治・堀江明子・菅久修一（2002）『現代産業組織論』NTT出版.
小田切宏之（2001）『新しい産業組織論』有斐閣.
橘川武郎（2004）『日本電力業発展のダイナミズム』名古屋大学出版会.
山内弘隆・澤昭裕（編）（2015）『電力システム改革の検討』白桃書房.

第4章
石油，石炭，ガス

　この章では，石油，石炭，ガスについて，勉強しよう．

　エネルギーは生活必需品であるが，まさに，現代社会では，石油，石炭，ガスは必要不可欠である．東日本大震災では，灯油がなくなることで生存の危機にさらされ，ガソリンがなくなることでどこにも行けなくなってしまった．仙台市ガスの供給停止によって，仙台市民は12日間もガスで炊事ができなかった．化石燃料は，非常に使い勝手の良いエネルギーである．石油は液体のまま持ち運びができるし，ガスはガス管を通じて運べる．しかし，輸送手段が遮断されれば，たちまち，供給がストップしてしまう．このような，運搬の心配がないということで，分散型の化石燃料として，液化石油ガス（LPガス）の役割が見直されている．横浜市は，すべての避難所（小学校）において，LPガスを緊急用のエネルギーとして設置している．

　他方，化石燃料は，気候変動の立場から，問題の多いエネルギーとされている．一方で，現実には東日本大震災で原発が停止したこともあり，2011年〜2015年の日本の電力供給は9割が化石燃料による火力発電である．中国，インドでは7割近くを石炭火力が占めている．石油の使い勝手の良さ，石炭の価格の安さは，容易には代替できない．世界には，いまだ電気が届かない人口が18億人もいる．これらのエネルギー貧困層に対しては安価な石炭といったエネルギーなしに大規模な電力供給は難しいだろう．

　一方，化石燃料は将来的には枯渇してしまい，早急に将来に向けての代替エネルギーが必要だという．しかし，本当に化石燃料は枯渇するのであろうか，それはいつ頃であろうか．

本章では，化石燃料をめぐる将来的な枯渇の可能性，現在の揺れ動く価格の変動の行方，そして気候変動問題に対応した化石燃料の使い方，について見ていきたい．

4.1　化石燃料の現状

図4.1は日本の一次エネルギー供給の推移を示している．石油ショックの前，1950年代は水力，石炭，石油が主要なエネルギー供給を担っていた．石油ショック当時は，石油の割合が75%を占めている．その後，石油の割合が減少し，2011年には，石油が43%，石炭が22%，天然ガスが23%，と化石燃料が88%を占めている．これを諸外国と比較すると，ドイツ，イギリス，アメリカなどの主要国の化石燃料依存度は80〜85%であるので，これらの主要国に比べて高く，さらには，中国の化石燃料依存度88%よりも高くなっている．しかも，日本は化石燃料のほとんどは輸入に依存している．これは化石燃料の抱える問題，すなわち石油における供給の不安定性，価格の乱高下，気候変動への影響などから見ても大きな不安要因となっているといわざるを得ない．日本として，化石燃料をどう安定的に，

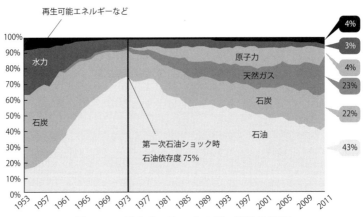

図4.1　日本の一次エネルギー供給の推移
出典：総合エネルギー統計

安価に，環境にやさしく使うかは，極めて重要な課題である．そして，長期的には，化石燃料の依存率を低減していくことは重要な課題である．

それでは，化石燃料の価格と環境を見てみよう．図4.2は，化石燃料のコストを比較したものである．

石炭が一番安く，液化天然ガス（LNG），原油は比較的高い．こうしたことから，発電においては，燃料費の安い石炭火力をベースロード（なるべくたくさん動かす）とし，燃料費の高いLNG火力が調整電源として使用される．

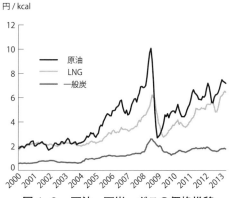

図4.2　石油・石炭・ガスの価格推移
出典：エネルギー白書

4.2　石油

4.2.1　石油の現状

世界の石油生産は，世界の消費の増加に合わせて年1.3％で伸びており，40年間で1.5倍になっている．しかし，その地域別の増加を見ると，先進国ではほとんど横ばいか，むしろ消費は低下しているのに，途上国での増加が著しい．特に中国は，ここ10年で消費量が倍増しており，2030年にはアメリカを抜いて世界一の消費国になると見られている[i]．その増加要因は，自動車用燃料である．2012年において，石油消費（日量8,700万バレル（B/D）：1B＝約160リットル）の半分以上（4,700万B/D）が輸送用燃料である．世界全体の生産量（8,700万B/D）のうち，5,600万B/Dが貿易されており，中東からの輸出割合は35％を占めている．アジアは，中東への依存度が他の地域と比べて高く，中東依存度低下への取り組みが非常に重要である．アメリカは，シェールオイルの開発・生産が2000年代後半

から進み，2014年にサウジアラビアを抜いて世界一の産油国になった．2016年から原油の輸出を始めており，今後，世界の石油市場は供給の増加が見込まれる．

4.2.2 石油の埋蔵量

石油は大変使い勝手の良いエネルギーである．輸送には便利で，多くの連産品がある．しかし，石油は不安定な中東地域に大きく依存しているし，その埋蔵量も限りがあると言われている．

石油はあと何年使えるのか（これを，可採年数という）．埋蔵量はどうなっているのであろうか．過去50年にわたり公表されてきた可採年数をみると，ここ70年間にわたり，可採年数は20～50年とあまり変わっていない．しかも，近年，可採年数はむしろ上昇している．可採年数が上昇しているのは，その年に消費された分以上の資源量がその年に開発されている，ということである．これには2つの要因がある．1つには，イラン，イラクをはじめ中東地域などにはいまだ探査も十分されていない有望油田地帯がある．このような地域であらたに探査が行われれば，新しい油田が発見される確率は高い．もう1つには，開発技術の発達により，今まで採掘できなかった，非在来型資源や大深度の油田などが開発されてきたことがある．ベネズエラやカナダの確認埋蔵量はここ20年で3000億バーレルも増加した．さらに，従来想定されていなかった大深度の地下にも石油があることがわかってきている．

現在，世界の確認埋蔵量（現在の経済・技術条件下で採掘可能と判断される量）は1.7兆バーレルである[ii]．この数字は，上記のように重質油の埋蔵量の推計が大幅に増えたことにより増加している．この結果，2014年の可採年数は50年となっている．

2014年現在，世界の確認埋蔵量は1.7兆バーレルであり，現在の生産量で割れば，可採年数は50年となる．ちなみに，この確認埋蔵量（proven reserves, 90%以上の確率で採掘可能）に加えて，推定埋蔵量（probable reserve, 50%以上の確率で採掘可能），予想埋蔵量（possible reserves,

《解説》 ピークオイル論

　石油の生産が将来ピークを迎えるのではないか，という考え方は，昔から何度も提唱され，その後，大きな油田が発見され，新しい採掘技術が導入されることによってピーク論は下火になるということを繰り返している．ピークオイル論を理論的に提唱したのは，アメリカのハバードである．ハバードは，1956年に，アメリカの油田の埋蔵量の推定から，1965年から1970年の間に，アメリカは石油生産のピークを迎えると予測し，実際にハバードの予測どおり1970年にアメリカの原油生産はピークを迎えた．2000年ころには，サウジアラビアの原油生産が低下したのではないか，との指摘がなされた．しかし，2000年代からのオイルサンド（カナダの重質油）の商業生産，オイルシェール（ケロジェンとも呼ばれ原油になっていない状態で存在）の開発など，いわゆる非在来型資源が相次いで商業ベースでの開発が始まると，埋蔵量が増えることになる．

　すなわち，このハバードの考え方は，個々の油田についてピークがあるという意味において正しいが，採掘技術の発達や新しい油田の発見，オイルサンドやオイルシェール（タイトオイルとも呼ばれ頁岩中に存在）の利用可能性などから世界の確認埋蔵量自体は，年々増加している（図4.3）．特に，近年は，大深度地下採掘技術，マルチステージ水圧破砕技術といった新し

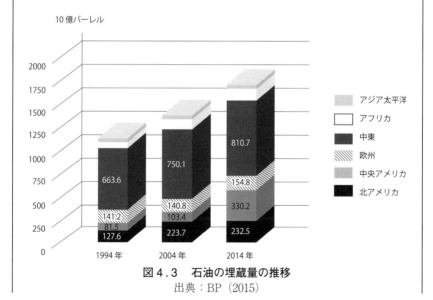

図4.3　石油の埋蔵量の推移
出典：BP（2015）

い開発技術の導入や，シェールオイルなどの非在来型資源の開発技術が寄与している．これらの技術や資源増加は，数年前には予期されなかったことである（したがって2010年より前に出版された本のピークオイル論を見るとき読者は注意しなければならない）．

10％以上の確率で採掘可能）を加えた量が可採埋蔵量（recoverable reserves）であり，世界全体で6兆バーレルと推定されている．この内訳は，在来型埋蔵量が2.8兆バーレル，超重質油（カナダのオイルサンド，ベネズエラのオリノコタールなど）が1.9兆バーレル，オイルシェール1.1兆バーレル，シェールオイルが0.3兆バーレルと推定されている[iii]．これらがすべて利用可能になれば，200年近く石油は利用可能と計算できる（仮に，現在の生産量が続けば）．

いまは，石油の枯渇やピークが近々到来するということを深刻に考える必要はなさそうである[iv]．石油需要がピークを迎えるとすれば，それは生産がなくなったからではなく，他の要因（気候変動対策によって化石燃料の使用制限が迫られるなど価格の高騰）によるであろうと言われている[v]．2000年代から，カナダのオイルサンドは，採掘可能な石油に分類されつつある．従来は，このような重質油は，埋蔵量が豊富だけれど，採掘できない資源とみられていた．他方，オイルサンドの開発によって，カナダでは環境破壊が懸念され，生産に伴うCO_2の増大はカナダの排出量を大きく増加させている．そのためカナダは京都議定書を脱退せざるを得なくなった，とも言われている．今やオイルサンドの開発は気候変動の観点から，大きな論争になっている．

石油は，このように非常に使い勝手が良い燃料であり，枯渇の心配も当面は問題ないということがわかる．ただし，石油には，次に述べるように大きな問題点が2つある．

4.2.3 セキュリティ

石油の埋蔵量の半分は中東にある．中東地域からの石油輸出は，1973年

の第一次石油ショック，1978年の第二次石油ショックにおいて輸出制限が行われた．すなわち，石油はエネルギーの中でも紛争地域に資源が集中している．地政学的なリスクが高い商品である．日本の石油輸入のうち，83％が中東地域からであり，1978年にイランによって封鎖されたホルムズ海峡を通過する輸入量は現在でも80％になっている．このようなセキュリティ上の問題地点をチョークポイントという．

　セキュリティの向上のためには，まず，地政学的なカントリーリスクの高い国からの輸入を減らし，供給先を多様化していくことが求められる．日本は中東への依存度が82％であり，欧米（ドイツ・イギリス4％，フランス21％，アメリカ26％）と比べてもかなり高い．ただ，近年はロシア原油の輸入が増えているので，依存度は若干低下している．セキュリティの確保のためには，エネルギー供給源の多様化が重要である．1973年以前は，日本の一次エネルギー供給は73％が石油であった．エネルギー源の多様化によって，この依存度を低め，2013年には，石油のシェアは43％に下がっている．しかし，諸外国（ドイツ31％，イギリス34％，アメリカ39％，フランス23％）と比べても依然，石油への依存度が高い．

　供給途絶時における対応としては石油の備蓄が進められている．石油備蓄については，国際的な取組みがなされており，IEAは加盟国に石油の備蓄を義務付けている．日本は，石油備蓄法によって，国が90日分，民間石油会社が70日分，備蓄している．こうした備蓄原油は，供給途絶への対応に加えて，湾岸戦争（1990年），アメリカの台風被害などの緊急事態時に需給を緩和する目的で放出され，石油需給の安定に寄与している．

　このように，石油のセキュリティは平時の供給対応（石油調達先の多角化，エネルギー源多様化）と緊急時の対策（石油備蓄）があわせて必要である．このようなセキュリティを数値化する試みもいくつか行われている．例えば，エネルギー白書2015では，7つの項目の評価を行い，セキュリティ・インデックスを試算している[vi]．その結果を見るとイギリスやドイツが6.2で高く，日本は4と試算されている．これは2000年代より0.8ポイント低下している．この主な原因は原子力発電所の停止によるものであ

る．

4.2.4 石油価格

石油は，非常に価格変動が激しい商品である．価格の変動には多様な要因がからんでいる．供給側の都合，需要側の変化，加えて投機マネーの流入も影響する．価格変動は，長期のスパンと短期のスパンで考える必要がある．図4.4は，過去の原油価格の推移を示したグラフである．石油価格の高騰は1900年代，1970年代，2010年代にみられる．1900年代～1910年代は，第一次世界大戦を含む時代であり，大量の石油を使う機械が導入され，石油需要が急増した．1970年代は，中東の石油輸出国による輸出制限が行われ，需給がひっ迫した時代であった．2010年代は，世界の景気が回復しエネルギー需要が増大したことによって，価格が高騰している．このように，長期的に見た場合は，石油価格も一般の財と同じように需給バランスによって影響されている．

他方，短期的に見れば，実体的な需給バランス以上に価格が変動している．短期的な価格変動要因を，実体的な需給と投機マネーによる要因とに分類した調査によれば，半分以上の変動が投機マネーによる影響であることがわかっている．図4.5は，2008年から2014年にかけての石油価格で

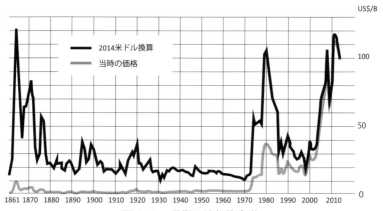

図4.4　長期石油価格変動
出典：BP（2015）

ある．2014年半ばから価格が下落し，一年で50％以上も下落している．この原因を見ると，需給面での供給過剰が1つの理由である．また高すぎた価格の反動でもある．さらに，2014年から周辺国への政治的対応からサウジアラビアが減産せず石油価格を低めに誘導しているという状況に加えて，アメリカの増産が下落圧力となっている．また，最大の石油需要国である中国の経済減速により，需要が減退している．加えて，世界的な金融緩和によって多量の資金が流れ込

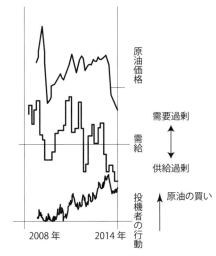

図4.5 短期の石油価格変動
出典：内閣府（2015）を改変，作成

んだ．石油関係会社以外の投資資金は2014年半ばまで原油市場に多量に流れ込んでいたが，石油価格の下落とともに急速に減少している．これは，見かけの需要（資金としての需要）が急速に下がったことを示している．このように，原油価格は，実体的な需給バランスが地政学的要因によって左右されること，また需給バランス以上に金融資本の流れで価格変動が大きくなる可能性がある．

ちなみに，石油価格指標には，ここに用いたWTI（ウエスト・テキサス・インターミデアイト，アメリカ南部で産出する原油）のほかに，北海ブレント（主に欧州の指標），ドバイ（主に中東の指標）がある．もっともWTIでさえ，実際の石油生産量は100万B/Dしかないのに，取引額が1億B/Dにものぼるなど，実体経済からのかい離が指摘されている．

4.2.5 日本国内の石油利用

次に日本の石油需要について触れよう．日本の石油需要は，2000年ころから減少している．特に灯油，軽油，A重油，C重油の減少が大きい．ガ

ショートコラム◆石油の供給者

もし我々が，世界の巨大企業に関心があるとすれば，その多くは，石油会社であることに気付く．フォーチュン誌世界大企業500のトップテン企業のうち，6社がなんと石油企業である．これらの企業の上流部門の利益は，例えばエクソンモービル社だけでも500億ドルにも上る．対して，日本の石油元売り5社の合計でもわずか40億ドルにも満たない[vii]．このように日本の石油会社の利益は非常に小さい．これは，日本企業が権益を十分活用できていないことにも起因する．また，上流部門（開発部門）を分離し，中流部門（精製，販売）の業界固定化を温存した政府の規制に一因があるとの意見もある[viii]．上流部門については，日本の商社や一部石油会社が権益を持っている．しかし，2014年からの石油価格の大幅な下落により，逆にこうした石油企業の収益は大きく落ち込んでいる．

ソリンも減少しているが軽油よりは減少幅が小さい．灯油は，家庭用で灯油から電気やガスへの転換が進んでいること，軽油はトラックバスの燃料であるが，これらの台数の減少や燃費の改善，A重油は中小工場やビル，農業用のボイラー用，C重油は大規模工場や電力などで用いられるので，いずれも，ガスなどへの転換や省エネによって使用量が大幅に減少していることによる．もっとも，2011年の東日本大震災以降は石油火力の稼働が増えているため，C重油の需要は増加している．

日本国内の石油需要は，今後も減少を続け，2014年から以後5年間で8％程度減少すると予測されている．

4.2.6 今後の展望

2014年からの石油価格の低下は，世界的な需給減退とアメリカのシェールオイルの増産，イラクの増産などが背景にある．この傾向はしばらく続くと予測されている．この結果，石油の探査，開発が停滞すると新規可採埋蔵量が増えなくなる可能性があり，石油需給が再びタイトになる可能性をもつ．今後，中国などの経済成長の著しい国々では，自動車の台数が増加する．それに伴って石油需要は2012年の9.6mB/Dから2030年には

15mB/D と 1.5 倍に増えることが予想される．世界の石油需要は87mB/D から100mB/D に増えると予想されている．石油価格と需給は，こうした供給増の要因と需要増の要因のバランスで推移するだろう．

4.3 石炭

4.3.1 石炭の現状

　石炭は地味なエネルギーである．石油のように価格変動でニュースを騒がせることも少ない．石炭は，アメリカや欧州，中国で豊富に採れ，これらの産炭国が消費国でもあり，石油やガスに比べれば貿易量が少ない．輸出余力のある国は，オーストラリアとインドネシアであり，この両国で世界の輸出量の半分を占める．日本の石炭輸入もオーストラリアとインドネシアからが73％を占めている．これらは政治的に安定した国であり，資源も可採年数は110年以上と推計されている．価格も安定しており，供給契約も長期契約であるので，価格変動のリスクも少ない．

　石炭の歴史を見ると，それは人類の発展の歴史といってもよい．産業革命をもたらした蒸気機関で燃料として用いられた．最初に明かりを発明したエジソンもその電気はニューヨークの石炭発電所で作った．日本でも，1950年代までは石炭がエネルギー供給の4割を占めていた．第二次世界大戦後，日本経済は目覚ましい復興を遂げたが，それを支えたのが石炭と鉄鋼産業である．歴史的には，石炭は，ドイツ，アメリカ，南アフリカそして日本で多く産出され，このような背景から現在の石炭利用技術は，アメリカ，ドイツ，日本が最も進んでいる．

　世界的な需要をみると，中国が最大の消費国であり，世界の消費量の50％近くを占める．中国はエネルギー需要の伸びに対応して石炭消費量を増やしてきた．しかし，2014年に石炭消費のピークを迎えたとの発表がなされた．2014年の石炭消費は対前年比マイナス 2.9 ％になった．もっとも，本当に中国の石炭消費が減少傾向になるかどうかは，今後の推移を見る必要がある．関心のある読者は，ぜひ2015年以降の消費量の変化をチェック

してみてほしい．2014年の第二位の消費国はインド，第三位はアメリカ，第四位はドイツである．インドにおいては，今後ますます消費量が増大するとみられており，輸入によってこれを賄う必要がある．したがって，現在の石炭貿易量10億トンが，今後数億トン増える可能性がある．これにより，石炭の需給がタイトになることはないにしても，良質の石炭が品薄になる可能性がある．

　気候変動問題の高まりとともに，石炭火力に対する厳しい対応が世界的に広がっている．アメリカは，石炭火力に対する厳しいCO_2排出基準を策定し，欧州とともに，途上国向けの石炭火力建設の融資をやめようとしている．欧米においては，石炭火力を削減することは気候変動問題の象徴的できごとのようになっている．他方，石炭はカロリーベースで最も安い燃料として世界中で広く使われている状況である．中国では一次エネルギー供給の6割以上，発電電力量の76％を占めている．また，アメリカでも発電電力量の40％は石炭火力であり，ドイツでも47％は石炭火力である．欧州全体でも25％は石炭が占めている（ただし，アメリカはガスの供給が増えているので，次第に石炭の比重は下がるとみられる）．

4.3.2 石炭と環境問題

　石炭の問題点は，気候変動の影響の大きいCO_2の排出であり，世界のエネルギー起源CO_2排出量の26％が石炭由来である（1971～2005年までの累積量）．石炭には窒素分や硫黄分，水銀や鉛，クロム，ヒ素といった有害物質が含まれている．石炭使用量が多い中国においては，深刻な大気汚染を引き起こしている．ばいじんは，石炭中に含まれる灰分が飛散するものであるが，中国北部の石炭は特に灰分が多い．

　また，石炭火力から排出された水銀は，世界中に拡散し地中海のマグロの水銀濃度を上昇させた．現在，世界の大気中への水銀排出量のうち，中国の排出量は世界全体の3分の1を占め排出源別では4分の1は石炭火力からの排出量であると推定されている[ix]．こうして排出された水銀は，偏西風にのって，世界中に拡散しているとみられている．このため，水銀排

出の規制を世界的に取り組んでいくことが2009年に国連環境計画（UNEP）で合意された．この国際条約は，2010年から交渉が進められ，2013年，世界水銀条約（通称水俣条約）が締結された．

石炭の引き起こす問題は主に二酸化炭素が注目されているが，より深刻なのは中国をはじめ，途上国における大気汚染問題である．大気汚染問題は，19世紀に産業革命が始まってからイギリスで発生し，ロンドンの空がスモッグで覆われた．1950年代には，欧州全域で硫黄酸化物が酸性雨を引き起こし，北欧の湖から魚を駆逐してしまうという事件も起きている．欧州各国は1979年欧州長距離越境大気汚染条約を採択し，1985年から硫黄酸化物の規制を，1988年から窒素酸化物の規制を行っている．

大気汚染を起こす有害物質は，脱硫装置や脱硝装置や集塵装置を装備することで容易にかつ着実に除去できる．日本は経済発展に伴い1960年代には深刻な公害問題も経験した．こうした経験によって，公害をださない環境対策技術を確立している．例えば，電源開発（株）が運営する横浜の磯子発電所（口絵4左）においては，硫黄酸化物排出量が0.01g/kWhというレベルを達成している（アメリカの平均的排出量レベルは1.1，ドイツは0.7である）[x]．このように，適切な除去装置の設置によって，公害問題の解決は可能である．

しかし現在，さらなるクリーンな石炭利用技術が求められている．それは，二酸化炭素排出量を下げる石炭火力である．二酸化炭素を抑制する技術はいくつかある．この方法の1つは，効率を高めることである．ボイラーの蒸気温度と，蒸気圧力を上げることによって，エネルギー効率は上昇する．旧式の亜臨界圧発電（sub-C，蒸気温度560度以下）と最新式の超々臨界圧発電（USC，蒸気温度590度以上，）を比較すると，USCのCO_2排出量は，sub-C型に比べて1割以上向上している．USCのCO_2排出量は800gCO_2/kWh程度であり，すでに標準的石油火力の700gCO_2/kWhに近くなっている（図4.6）．

日本では，USCなどの最新鋭の石炭火力が普及しているが，他の国では，まだ，旧式の石炭火力を使用している割合が大きい（磯子発電所のCO_2

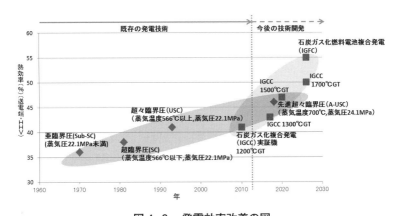

図4.6 発電効率改善の図
出典：資源エネルギー庁，低炭素社会づくり計画

排出量818g/kWh に対してアメリカの平均排出量は917，中国は1,060)．

4.3.3 石炭の改質技術

　石炭は石油と違い，原炭をそのまま使うので，地域による品質の違いが大きいことへの対応が必要となる．石炭は，硫黄や金属，灰分などを含む場合が多いが，インドネシア炭はこれらが少なく良質の石炭である．他方，中国北部やインドの石炭は品質が悪い．また，現在，燃料として使われている高品位の瀝青炭（発熱量が6390kcal/kg 程度の良質な石炭，ASTM 分類）とともに，亜瀝青炭（4610～6390kcal/kg 程度）の利用が増えている．さらには，将来，褐炭と呼ばれるさらに低品位の石炭（3000～4000kcal/kg 程度の水分や灰分が多い石炭）の利用も考えていかなければならない．褐炭は，自然発火など輸送上の課題も有している．こうした，低品位の石炭（褐炭）の有効利用のため，これらの改質技術の開発も進んでいる．これらには，いくつかの方法があり，例えば，油中改質技術（UBC）や熱水処理法（HWD）などがある．これらの改質によって，褐炭を高品位にするとともに輸送にも適した性状にできる．また，揮発分が多く，ガス化速度が速い褐炭はガス化に適していることから，石炭のガス化技術も進ん

でいる．特に褐炭資源は豊富であるがガス資源が不足しつつあるインドネシアなどで導入するポテンシャルが高い．さらに，ガス化した褐炭を水素に転換して使う技術開発も進められている．これには，オーストラリアの褐炭（水分量が5～60%と高く，利用価値がないとみなされていた）を利用したプロジェクトがある．水素に転換する以外にも DME（ジメチルエーテル，ディーゼル燃料として使える）に転換するなどの研究が進んでいる．これらは，石炭をよりクリーンな燃料として使っていく試みであるが，まだ実証試験が行われている状況であり，今後，製造のみならず，輸送などを含めたトータルのコストとして実用化が可能かどうか，検討していく必要がある．

4.3.4 日本国内における石炭利用

石炭は供給リスクの少ない燃料であり，加えて，石炭は他の化石燃料と比べても価格が安い．こうしたことから，現在，石炭火力は日本の電源構成の32%を占めている．さらに，電力供給の自由化が2016年4月から始まったことにより，コストの安い石炭火力の建設計画が増えている．

他方，現状の石炭火力は，石油，ガスより多くの二酸化炭素を排出する．したがって，気候変動問題の高まりの中で，最も CO_2 の排出量が高い燃料として，石炭火力の新設を無制限に認めるべきでない，石炭火力はやめるべきだという議論が始まっている．

石炭火力の増設の取り扱いをめぐっては，以上の二律背反（コストか環境か）を踏まえて，2016年2月に，以下のような決定がなされた．石炭火力の新設については，最新技術の石炭火力（USCや後述のIGCC）のみ認め，旧式の石炭火力の閉鎖を行っていく．そのため省エネ法によってトップランナー基準を設けるとともに，石炭のシェアを一定限度以下にするためエネルギー高度化法で火力発電全体の効率を設定する．さらに，電力業界が自主的な温暖化対策組織を設けて，加盟各社の二酸化炭素総排出量の削減のための計画を監視していくことになった．

4.3.5 石炭の将来の展望

石炭の将来課題は，いかにより環境に影響の少ない利用，CO_2を排出しない利用を行うかである．現在，石炭の効率をさらに高め，CO_2排出量の抜本的な抑制を図るため，石炭ガス化複合発電（IGCC, Integrated coal Gasification Combined Cycle）技術の開発・導入が進められている．IGCCは，石炭をガス化し，ガスタービンに利用し，そのあと排熱で蒸気タービンを回す方式であり，このような2段階エネルギー利用によって，石炭の微粉炭火力を上回る熱効率（1500度級ガスタービンを使用する場合で48〜50％）を目指す．日本では，福島県勿来発電所において，2007年から空気吹きガス方式で実証機の運転が行われ，2013年からは商業運転が行われている（1200度級で効率42％）．空気吹きとは，微粉炭に空気を送り高温にしてガス化する技術であり，高い熱効率が得られる．また，北九州市において2002年に酸素吹きタイプのIGCCパイロット試験が行われた．酸素吹きとは，微粉炭に酸素を送り込んでガス化する技術であり，高純度のガスが得られる利点がある．試験で計画通りの性能が得られたことから，さらにスケールアップした発電所として，広島県大崎においてIGCC実証機の建設が進められている（図4.7）．この実証試験は，第1段階として2016年から酸素吹きIGCCの実証を行い，第2段階として二酸化炭素回

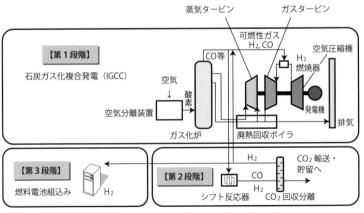

図4.7　IGCC（大崎IGCC実証試験）

《解説》 CCS

　CCSの仕組みは，図4.8に示すように，CO_2を地中約1000メートル以深の地下に注入するものであり，注入したCO_2はその場所に閉じこめられる．

　日本では，二酸化炭素の分離技術と貯留技術の開発が進められている．分離技術は，大きく分けて2つあり，化学的に分離する方法と物理的に分離する方法がある．これらは，三菱重工業，RITE（地球環境産業技術研究機構）などで開発が進められている．

　貯留については，北海道の苫小牧で回収実証プラントが設置され，沖合海底下への貯留が行われる．CO_2の貯留には，CO_2が地上に漏れ出さないようにするためのキャップの役割を行う地層（遮蔽層）の下に注入するが，こうした適地は，日本では沿岸域に広がってる．苫小牧の実験は，2020年までに技術の実用化を目指し，2016年以降に年間10万トン程度のCO_2を注入する計画である．

　貯留のテストプラントは，当初4か所で予定されていたが，新潟での実験は新潟地震との関係を危惧する地元の反対で中止になり，福島県勿来沖で計画されていたものも東日本大震災の影響で中止になるなど，地震への

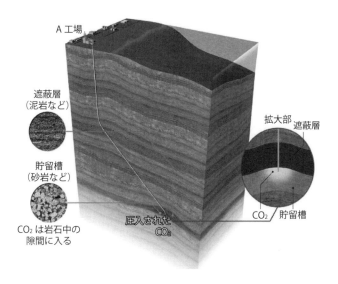

図4.8　CCSの模式図
出典：エネルギー白書

> 影響を危惧する地元の意見が多い．世界的にも，ドイツやオランダでも，地元の反対運動で調査が中止になっている事例がある．
> 　現在，CCS が導入されている地域は，アメリカ，カナダ，ノルウェー，オーストラリア，フランスなど一部の国であり，アメリカ，カナダでは二酸化炭素を石油貯留層に注入することで石油の回収率を高め，石油の生産につなげている．この利用だと回収した油の収入が見込めるため，現状でも採算性が見込める．また，天然ガス中に含まれる CO_2 の分離も実施されている．
> 　IEA の見通しでは，2020年から CCS の本格導入が開始され，2050年には2割の CO_2 削減を担うと期待されているが，このためにはコストの大幅な削減と実施予定地域での地元の合意形成が不可欠である．

収・地下貯留（CCS, Carbon dioxide Capture and Storage）の実証を行う．第3段階として燃料電池を組み合わせた IGFC の実証試験を行う．本プロジェクトでは発電端効率を55％にする目標を掲げており，これは，従来の石炭火力に比べて CO_2 を30％カットするとともに，CO_2 排出量は，$600gCO_2/kWh$ と石油火力（700）より低く，LNG 火力（480）に近づく．石炭の CO_2 問題解決の1つの方向性として期待されている．

さらに，CCS は，二酸化炭素を回収，貯留することによって，二酸化炭素の排出をほぼゼロにする技術である．CCS が実用化されれば，CO_2 は大気に排出されないため，化石燃料の CO_2 問題を解決する技術として注目されている．しかし，現在，これを導入すれば，石炭火力発電価格は20〜30％上昇するとみられている．CCS の実用化までには多くの課題の解決が必要である．そのため，コストの低減に向けて技術開発が進められている．

4.4　ガス

4.4.1　ガスの現状

1797年にイギリスのマンチェスターで石炭原料からのガスを利用したガ

ス灯の利用が始まった．現在，世界の化石燃料の21％をガスが占めているが，天然ガス消費は北米，欧州，ロシアおよびその周辺国で6割を占める．これは，天然ガスの生産および輸送には大きな投資が必要であり，歴史的に古くから天然ガスの生産が始まった北米およびロシア周辺国で利用が集中していたからである．

　天然ガスの最大の利点は，化石燃料の中では，環境への負荷が小さいということである．発熱量あたりのCO_2の排出量は，石炭の3/5，石油の3/4である．加えて有害物質が含まれていない．そのため，天然ガスの消費量は，ここ10年，年率2.6％と石油（1.1％）に比べても大きく伸びている．

　近年，天然ガスの役割が注目されている．日本国内では，原子力発電の停止に伴って，発電のうち天然ガスの割合が過半を占めている．天然ガスの単価は石油や石炭より高いので，このような天然ガスへの高い依存は，エネルギーへの支出の増大を招いている．世界では，アメリカでのシェールガス革命が大きな影響を及ぼしている．2008年ごろからシェールガス採掘に関する技術の導入によって，アメリカは安いガスの恩恵に浸れるようになった．これは，アメリカ国内での石油・ガス・石炭の価格差をなくし，エネルギー価格の下落と相まって，産業競争力の向上をもたらしている．

　天然ガスは，ガスの形態でパイプラインで運ばれるものと，液化してLNG（液化天然ガス）として運ばれるものがあるが，パイプライン経由のものが7割と多い．ガスの三大消費地は，欧州，アメリカ，アジアであるが，欧州，アメリカはパイプライン，アジアはLNGでの輸送が多い（図4.9）．

　ガスは，他の化石燃料と違って，地域による取引形態が大きく異なる．欧州，アメリカがパイプライン輸送であるのは，生産地と陸続きであることが大きい．欧州は北欧やロシアからパイプラインで，アメリカは域内の産地からパイプラインで輸送される．このように，欧州，アメリカでは，パイプラインで常時ガスが流れるので，ガスの取引市場が発達してきた．これは，パイプラインの輸送で実態上さまざまなガスが混ざってしまうの

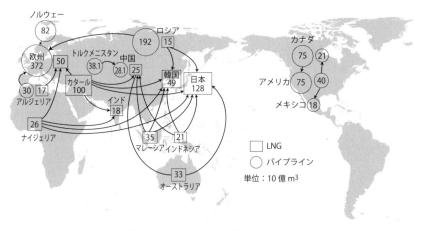

図 4.9　天然ガスの世界三大市場
出典：JOGMEC（2016）[xi]

で，熱量がバラバラになり標準的な価格決めが必要になったことによる．対して，LNG は専用船で運ばれ，船ごとに価格も品質も異なってくるため，LNG 単位ごとの取引になりやすい．世界の LNG はカタールが最大の輸出国であり，次いでマレーシア，オーストラリアとなっている．LNG の最大の輸入国は日本，次いで韓国，中国と続く．

このように，ガスは石油と異なり，グローバルな市場ではなく，地域ごとに取引形態が異なっている．

4.4.2　世界のガス市場の課題

現在，世界のガス市場は北米，欧州，アジアの3つに分かれているが，この3つの市場は分断されており，その市場間のガス価格には大きな差があり，それぞれ異なった価格，商取引ルールが存在する．これは，世界中どこでも同一価格になるという一物一価という一般の消費財にあてはまる完全競争市場での法則に反する環境である．このような市場では，優先的地位にある供給者によって契約が不公正な形になる場合があり，公平性の観点から，問題の多い状況が残っている．図 4.10 は3つの市場におけるガス価格の比較である．これをみると，ガス価格は2007年くらいまでは市

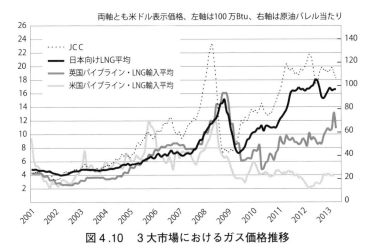

図 4.10　3 大市場におけるガス価格推移
出典：財務省貿易統計，Energy Intelligence，アメリカ EIA ホームページ
注：JCC とは日本が輸入する原油の平均価格．

場間の差がほとんどなかった．市場間で差がついてきたのは，2008年以降である．まず，アメリカのガス価格がシェールガスの生産によって低下した．他方，欧州と日本のガス価格は原油連動価格になっているので，ガスの需給にかかわらず原油価格の上昇に伴ってガス価格も上昇している．2015年後半からガス価格は下落しているが，依然，アジア，欧州，アメリカの価格差は維持されたままである．

オーストラリア，中東からのガスの輸入契約においては伝統的に，仕向け地条項（購入したガスを他の地域に転売してはいけないという条項）や，原油価格に連動して変動する（オイルリンク）契約となっている．この背景としては，ガスの取引が始まった1970年代に，ガスの供給を確実なものにするため，産ガス国の主張に沿った契約にした歴史がある．欧州は EU 委員会が中心になって，こうした差別的契約の撤廃に取り組んできた．時には競争法を駆使してガスの供給者であるロシアなどと交渉してきた．その結果，欧州においては原油連動価格の値決め方式から，ガスのスポット価格へ連動する価格方式へと変わりつつある．欧州の上昇カーブは日本のカーブよりも緩くなっている．

日本政府もようやく重い腰を上げ，各国と契約条項の改定に取り組み始めた．また，これと並行して，ガス市場の透明性の向上やガスのハブ市場の形成など自由なガスの取引が可能となるような働きかけを行っている．日本の課題として，ガスのユーザーである電力会社・都市ガス会社に値決め方式の変更のインセンティブが薄かったことも指摘されている．地域独占である日本の電力会社，ガス会社は，販売価格を総括原価（かかった原価を積み上げた原価計算）で算定してきた．したがって，いくら原料価格が上がってもそれは原価として認められるので，価格交渉をするインセンティブが低かった．昨今の LNG の輸入急増で日本は14兆円の貿易赤字を出しており，LNG の輸入額が7兆円を占めている（2013年度）．この問題（高いガスの価格）は企業の問題にとどまらず，日本経済の成長にとっても重要な課題になっている．そのため，自由なガスの売買ができるガス市場の創設，既存契約の改定，ガス契約における安い価格を原価の指標とするトップランナー方式など，ガス価格を下げる政策が進められている．関西電力においてシンガポールスポット市場ベースへの取引を始めるなどガス取引の多様化が進んできている．

4.4.3 シェールガス

シェールガスの大規模生産の開始は，エネルギー界の革命といわれている．2008年から始まったシェールガスの大規模生産は，ガスのみならず世

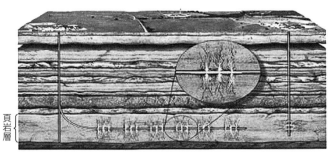

図 4.11 シェールガス生産方法模式図
出典：エネルギー白書，Canadian Society for Unconventional Gas

界のエネルギー需給を大きく変えることにつながった.

シェールガスは,シェール層(頁岩層)に貯留されているガスである.このガスは,細かい隙間に充填され

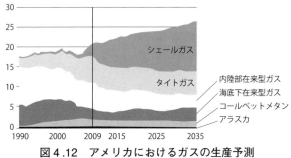

図4.12　アメリカにおけるガスの生産予測
出典：IEA（2013）

ているため,単純な油井ボーリングによっては採取することが難しかった.しかし,水平掘削法や水圧破砕法などの画期的な技術が開発され,安価な利用が可能となった(図4.11).これらの技術は1940年代に開発されていたのであるが,1998年までに実用化への技術開発は時間を要した.2000年におけるシェールガスのガス生産に占めるシェアはわずか2％であったのが,2012年には,37％にまでなっている[xii].こうした近年のシェールガスの急激な開発は,画期的な技術開発に加えて,技術の指導を行うサービス会社の存在や,地域において開発を手掛ける地域ガス会社の存在が大きな役割を果たしたといわれている.アメリカでは,こうしたサービス会社が技術を持っているため,これらの企業の支援なしでは,シェールガスの開発を行っていくことは難しい.現在,アメリカ以外の国でシェールガスの大規模な開発が進んでいないのは,これらのサービス会社がないことも1つの原因に挙げられる.すなわち,シェールガス革命は画期的な技術と制度的な要因が合わさって生じた.

シェールガスの開発がシェール革命と言われるほどの意味を持つことにはいくつかの理由がある.まず,図4.12を見ていただきたい.アメリカはシェールガスの開発が進む以前は,世界最大のガス輸入国になると見込まれていた.しかし,シェールガスの開発によりアメリカのガス生産は大幅に増加し,ガスの輸出国になった.2016年には初の輸出が行われる.また,シェールガスの埋蔵量は天然ガスの2～6倍と言われているため,将

来のガスの可採見込みも大幅に伸びている．このように，シェールガスの登場は，ガス価格とガスの埋蔵量見込みを一変させてしまった．アメリカでは，ガスの市場価格が2〜3＄/100万 Btu という安価で供給されているため，ガス市場は売り手市場から買い手市場に変わってきている．日本も1470万トンのシェールガスの購入契約をまとめており，これは，日本のLNG 輸入の2割近くになる．アメリカがガス生産国となったため，アメリカの石炭が欧州に流れ，欧州の石炭利用が増加した（シェール革命の前後で欧州への石炭輸出が3倍に増加）．

　シェール革命は，ガス市場の変化のみにとどまらず，各国の産業競争力にも影響を及ぼしている．従来，特に日欧では化学製品原料は石油や石炭を用いたナフサを原料としてきた．しかし，シェールガスで作る化学製品原料の価格は，石油や石炭を原料とするものより安くなっており，アメリカでは化学原料の競争力が高くなっている．シェールガスのエチレン価格は，サウジアラビアでの生産コストの半分程度になるとも試算されている[xiii]．このような動きは，競争力をなくしつつあった日本の石油化学産業に大きな影響を与えている．

　また，こうしたガスの登場は，いままで開発が難しいと言われてきた重質油の利用も可能にする可能性がある．重質油は一般の原油よりも粘性が高く，そのままでは輸送が困難である．しかし，ガスなどの水素分が多い炭化水素と混合させることにより，より使いやすい炭化水素資源になり得る可能性がある．このように，シェールガスの登場はガス資源のみならず，石油資源の可採埋蔵量の増加にも影響を及ぼす．

4.4.4　日本国内のガス利用

　日本におけるガスの利用は，諸外国とはかなり違った様相を呈している．1872年に横浜でガスの供給事業が始まった．これはもっぱら家庭用や業務用の用途である調理，暖房，給湯といった用途が主であった．初期には石炭を原料としたガスが用いられた．1969年に，東京電力と東京ガスはアラスカから天然ガスの輸入を開始した．当時の発電所の公害対策として窒素

酸化物の低減が求められていたことが導入のきっかけである．すなわち，日本では，天然ガス利用は環境対策の目的で石油・石炭の代替品として始まったこと，当初から現在に至るまで発電用の比率が高いことが日本のガス市場の大きな特徴である．

ガス会社が供給する都市ガスにおいても次第に石油ガスから天然ガスへの転換が図られ，2010年に全国の都市ガスの天然ガス転換が完了した．これによって，日本の天然ガス利用は発電と家庭，業務用に広がった．しかし，日本ではいまだ，ガスは発電用の用途が非常に大きく，産業用の用途は少ない．これは，日本国内のパイプライン網がLNGの荷揚げ施設から発電所や大都市周辺のみに展開しているという特殊な状況による．諸外国では，国中にパイプライン網が整備されており，産業用のエネルギーにおいても天然ガスの占める割合が大きい．日本においても，石油を利用している産業ユーザーが天然ガスへ転換することが気候変動対策の1つとして考えられている．

国内のガス事業者は都市ガスの供給を行っている一般ガス事業者とLPボンベでガス供給を行うLPガス販売事業者が存在している．現在，都市ガスの普及は極めて限られた地域に偏っているが，将来パイプラインの整備によってガスの利用が飛躍的に進む可能性は高い．

4.4.5 将来の展望

・供給源の多様化

天然ガスは，新しいガス田の可能性が広がっている．特に近年，アジアを中心としたLNGの需要が高まったことから，従来なら難しいと考えられていた極地などの遠隔地や海上などにおけるガス田開発が進んでいる．例えば，モザンビークにおいては，2018年以降の生産開始を目標に1000万トンの生産能力を持つロブマ海上ガス田計画が進められている．ロシアでも，2018年ごろに生産開始予定のウラジオストックLNG計画，同じく2019年ころに生産開始予定の極東LNGプロジェクトが進んでいる．日本企業の参画するオーストラリアのイクシスでは，海上での積み出しという

図4.13 メタンハイドレードの資源分布
出典:「第16回メタンハイドレート開発実施検討会資料」を改変

新しい方式で2017年に生産開始を予定している.
・メタンハイドレード
　天然ガスは,日本国内においても産出し,消費量の4%程度が国産のガスである.また,これに加えて,日本近海にはメタンハイドレードと呼ばれるガス資源が存在する.メタンハイドレードの埋蔵量は,BSR(メタンハイドレードの存在量を表す指標)で詳細調査により確認された濃集帯で日本の消費量の13年分の資源があると推定されている(図4.13).メタインハイドレードの生産実験は,渥美半島と志摩半島の沖合で2013年に行われ,減圧法によるメタンハイドレードのガス生産に世界で初めて成功した.
　埋蔵量の確認とともに,より安全で効率的な採掘方法の検討が進められている.もちろん,メタンハイドレードの開発には乗り越えなければならない課題は山積している.短期的にはエネルギー供給源としては期待できない.そもそも,メタンハイドレードの海底下の挙動については不明な点も多い.しかし,天然資源が乏しい日本にとってはメタンハイドレードは有望な国内資源であり,今後も技術開発を進めることで資源外交の国際交

渉力の強化にも寄与するだろう．

注
i　IEA（2015）
ii　IEA（2015），BP（2015）
iii　IEA（2015）
iv　IEA（2013），Yergin, D.（2011）
v　IEA（2013）
vi　経済産業省（2015）
vii　資源エネルギー庁（2014）「石油産業の現状と課題」総合エネルギー調査会提出資料．
viii　橘川武郎（2011）『資源エネルギー政策』経済産業調査会．
ix　UNEP（2013）Global Mercury Assesment
　　www.unep.org/PDF/PressReleases/GlobalMercuryAssesment2013.pdf．
x　電気事業連合会 INFOBASE
　　http://www.fepc.or.jp/library/data/infobase/index.html．
xi　JOGMEC（2016）「石炭と天然ガス市場の動向等について」
　　https://oilgas-info.jogmec.go.jp/pdf/7/7697/1602_b01_coal_gas.pdf
xii　Yergin, D.（2011）
xiii　日本政策投資銀行（2013）．

問題
1．石油，石炭，ガスのそれぞれの利点と欠点を上げ，それぞれの欠点の対応策を考えてみよう．
2．国による石炭火力に対する考え方の違い，その理由を考えてみよう．
3．シェールガスによりエネルギー情勢にどのような変化が生じたか，考えてみよう．

参考文献

経済産業省（2015）『エネルギー白書2015』.

日本政策投資銀行（2013）「シェールガス革命の見方」.
　http://www.dbj.jp/pdf/investigate/mo_report/no186.pdf

ロバートブライス（2011）『パワーハングリー』英治出版.

その他事業各社のHP（日本CCS株式会社，中国電力，クリーンコールパワー，JOGMEC,NEDO）.

BP（2015）*BP Statistical Review of World Energy*.
　http://www.bp.com/content/dam/bp/pdf/energy-economics/statistical-review-2015/bp-statistical-review-of-world-energy-2015-full-report.pdf

Yergin, D.（2011）*The Quest*, Penguin books, London，【和訳】ダニエル・ヤーギン著，伏見威蕃 訳（2012）『探求　エネルギーの世紀』日本経済新聞社.

IEA（2013）*World Energy Outlook*.

IEA（2015）*World Energy Outlook*.

第5章

原 子 力

　国民は原子力に対して，複雑な感情を持っている．古くは，核兵器を連想することから批判があり，今は福島第一原発の事故によって，事故時のリスクの大きさが再認識され，原子力の利用への批判がなされている．他方，燃料のウランは安定して供給され，ウランの核分裂エネルギーは単位重量当たりのエネルギー密度が大きい．原子力技術者は，技術によって安全性を高めることはできると考えており，ここ数十年で原発の大きなインフラを前提としてエネルギー供給体制ができあがった．原子力を日本のエネルギー供給でどう考えるかは，エネルギー選択で最も重要な課題である．

　そのためには，以下の様な事項についての議論が必要である．第一の論点は，なぜ，福島第一原発の事故が起きたのか，それは，福島の固有の問題なのか，将来の事故のリスクをどう評価するのか，今後の原発の安全性は高まるのか，である．この問題を探るためには，原子力発電の仕組みを知ったうえで，リスク論というツールを使って将来のリスク評価を考えよう．第二の論点は，原子力の廃止をどのように考えるかである．原子力の廃止に伴うコストを正しく認識しなければ，原子力の是非は議論できない．そのための施設の残存簿価などの問題を考えなくてはいけない．もちろん残された課題である核燃料サイクルと高レベル放射性廃棄物の処分問題についても考えなければならない．原子力は，安全性のリスク評価とともに，社会的受容性の考察も求められる．社会的受容性を個人の認識の総体とみるならば，リスク評価を行ったうえで個人の主観的な評価をどうするのか，こういった問題についても考えてみよう．

5.1 原子力の動向

5.1.1 原子力の動向

　日本において，最初に商業用原子力発電所が作られたのは，1966年の東海発電所である．以来，1971年に福島第一原子力発電所一号機が運転を開始し1973年の石油ショックを経て，1974年以降原子力発電所の大量導入が図られた．しかし，1979年のスリーマイル島原発事故，1986年のチェルノブイリ原発事故などを経て1986年以降日本の原発建設は停滞期に入る．実際1974年から1985年までに原発が10基作られたのに対し，1986年から1994年までは2基しか作られていない．それが，1997年の京都議定書の締結によって状況が再び変化する．原子力は温室効果ガスを直接排出しないという特徴から，気候変動対策の有効な手段として着目されるようになった．これが2003年からの大量導入時期であり，この時期の原子力へのフォローの風を原子力ルネッサンス期と呼ぶ．2010年時点で，日本の原発は，54基5千万kWの設備容量を有し，日本の電力供給の3割を担っていた．2010年時点では，さらに14基，2千万kWの原発が建設中もしくは着工準備中であった．2011年の福島第一原発事故の結果，原発には厳しい新規制基準が定められ，すべての原発について，建設時期にかかわらずその適合性の審査が行われている．

　次に，現在の世界の原発の導入量を見てみよう．世界では30か国において437基（2010年）の原子炉が運転されている．世界最大の原発導入国はアメリカであり，1億kW以上の設備容量を有する．次にフランスである．フランスは国内電力供給の7割以上を原発に頼っており，6000万kW以上の設備容量を持っている．第三位は日本であり，5000万kW以上の設備容量を持っている．次いでロシア，ドイツ，韓国が続いている．このように，世界の中でも日本の原発は大きな位置を占めていた．

　さて，いうまでもなく，現在，福島第一原発事故の影響で各国の原子力政策の見直しが行われている．表5.1は，各国の原子力政策の見直し状況である．これを見ると，原子力の利用や導入は基本的に変更しない国が

表5.1　各国の原子力政策の変化

原子力政策を変更していない国	アルゼンチン，アルメニア，ブルガリア，ブラジル，カナダ，中国*，チェコ，フィンランド，フランス**，ハンガリー，インド，韓国***，リトアニア，オランダ，パキスタン，ポーランド，ルーマニア，ロシア，スロバキア，スロベニア，スペイン，スウェーデン，台湾，イギリス，アメリカ	*中国は内陸部の原発は凍結 **フランスは依存度を75％から50％に低減 ***韓国は原発拡大目標を修正
原子力目標を変更した国	ベルギー ドイツ 日本 スイス	2025年までに廃止 2022年までに廃止 中長期的に原子力への依存度を低減 2034年までに廃止
原子力導入を遅らせる国	タイ，マレーシア，フィリピン，インドネシア	
遅らせない国	トルコ，ベトナム	

出典：IEA（2012）Energy Technology Perspective

多い．その中で，ベルギー，ドイツ，スイスは，将来的な原発の廃止を目標にしている．一方で，多くの途上国で原発導入が急激に進むとみられている．特に，中国，インドなどでは電力需要の増大に対応するために，原発の導入に積極的である．中国は2016年1月の時点で30基の原発を有しており，さらに24基を建設中である．ただ，万一，海外で原発事故が起きればその影響は当該国国内のみならず国外にも影響する可能性が高い．今後，中国，韓国を含め多くの原発が日本の近隣に設置されることから，これらの原発の安全性についても我々は注意を注がないといけない．

5.1.2　核不拡散体制

　原子力のことを議論するには，核不拡散体制のことを知っておく必要がある．なぜなら，原子力の利用のためには，低濃縮ウランを製造する必要があるが，この技術を転用すれば核兵器に必要な高濃度ウランの製造が可能となるからである．また，原子炉の運転に伴って炉内にプルトニウムができるが，これも核兵器の原料になりうる．したがって，原子力施設は，

国際機関（IAEA，国際原子力機関）の査察を受けて，核兵器の製造に転用しないことの確認を得なければならない．また，原子力技術を提供したアメリカとは，核兵器に転用しない旨の国際協定を結んでいる．これに基づいて，日本はプルトニウムを過剰に貯蔵しないことになっている．しかし，すでに海外に委託した再処理によって生まれたプルトニウムは日本国内に10トン貯蔵されている（このほかに英仏にある未返還分36トン）．このプルトニウムは，原発でMOX燃料（ウランとプルトニウムの混合燃料）として利用され消費されている．日本では，九州電力玄海発電所で2009年からMOX燃料の使用が開始され，国内4か所の発電所で使用された．

　もともと，現在の軽水炉型原発の技術はアメリカが開発した．アメリカは，こうした原子力技術の海外への輸出を行う前提として，二国間協定を結び，各施設への保障措置を求めた．また，技術の輸出に対して免責条項を要求し，これを協定に含めた．この結果，日本の原子力損害賠償法における奇妙な規定（メーカーの免責）が規定されることにもなった[i]．

5.2　原子力発電のしくみ

5.2.1　軽水炉の構造

　原子力発電の問題を考えるとき，その安全性について考えることは不可欠である．そして，原発の安全性を議論するには，まず原子力発電の仕組み，構造について知っておく必要がある．中性子がウラン（ウラン235）に衝突することによって核分裂が起こり，質量の小さい2つ以上の元素の原子核が生まれ，それに伴って，その結合に要していたエネルギーが放出される．これとともに，2，3個の中性子が発生して次のウランの核分裂を起こす．このようにして核分裂の連鎖反応が生じて熱エネルギーが発生する．原子力発電は，この核分裂エネルギーを利用するので，エネルギーを発生させる密度が高い．原子力発電のメリットとして喧伝されるのは，単位重量当たりのエネルギー発生量の多さである．すなわち，少ない燃料

で多くのエネルギーを得ることができる．

原子力発電で使われる原子炉（原子炉圧力容器とも呼ぶ）の内部には，燃料棒と核分裂反応を制御する制御棒があり，冷却水で満たされている．ウラン燃料は，ジルコニウム合金製の燃料棒に入っている．核分裂の熱エネルギーで冷却水が沸騰し，高温高圧の水蒸気が発生し，その蒸気でタービンを回して発電する．その後水蒸気は復水器に入り，海水ポンプで供給される海水で冷却されて，再び原子炉に供給される．燃料棒の冷却に軽水（普通の水）を用いる原子炉は軽水炉と呼ばれる．軽水炉は，沸騰水型（BWR）と加圧水型（PWR）があり，BWRでは原子炉内の沸騰水が直接タービンを回すが，PWRでは原子炉内がより高圧になっているため冷却水は水蒸気にならないまま蒸気発生器に送られ（一次冷却系），ここで熱交換によって二次冷却水を暖めて水蒸気を作る．この二次冷却水の蒸気でタービンを回す．福島第一原発はBWRである（図5.1）．

軽水炉は，現在，世界の原発の主流を占めている．しかし，研究の段階では，色々なタイプの炉が開発され，その中のいくつかが実用化した．例えば，イギリスが推進した黒鉛と炭酸ガスを組み合わせたマグノックス炉がある．しかし，経済性の点で軽水炉より高価であったため，イギリス以外では使用されていない．現在，軽水炉と並んで商業的に運営されているのはカナダが開発した重水炉があり，日本でも一時期導入が検討された．重水炉の利点は天然ウランを使用できることである．

5.2.2 これからの原子炉

ウランの利用効率の点からは，高速増殖炉が注目され，次世代の炉とも呼ばれた．しかし，これらは，プルトニウムを使うことが前提で設計されており，核燃料サイクルの停滞やトラブルなどによって注目されなくなっている．欧米で計画された実証炉はフランスの計画を除き中止になっている．一方中国，ロシア，インドでは高速増殖炉を利用しようとしている．

現在，次世代型軽水炉として注目されているのは，より安全性を高めた第3世代炉である．福島第一原発では，電源の喪失と冷却ポンプモーター

■沸騰水型(BWR)原子力発電の仕組み

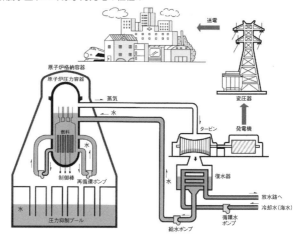

■加圧水型(PWR)原子力発電の仕組み

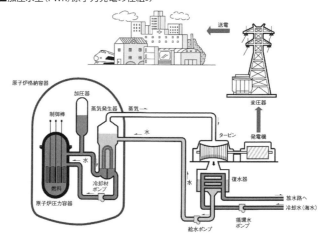

図5.1　原子力発電の構造
出典：資源エネルギー庁（2010）原子力

の水没によって冷却ができなくなったが，こうした次世代型炉は，電源を喪失しても自動的に冷温停止をする受動的安全システムを具備している．これに属するのはウエスティングハウス社が開発したAP1000やフランス・アレバ社が開発した欧州加圧水型炉（EPR）である．これは，原子炉

建屋上部に水タンクを設置することにより，全電源喪失時にも，自然に水が供給される仕組みである．他方，上部が重たい構造になるため，地震が多発する地域では安全性に留意が必要になると言われている．EPRは，二重の防護壁や基底部の強化などによって炉心溶融対策を強化し，メルトダウンが生じても放射能の外部漏出がない多重防護炉である．すでに，フィンランド，フランス，中国で建設が進められている．

さらに，第4世代炉が，各国で研究が進められている．国際共同研究（generation 4 nuclear energy international forum）が選定した第4世代炉は6つあり，高温ガス炉，超臨界圧水冷却炉，溶融塩炉，ナトリウム冷却高速炉，鉛合金冷却炉，およびガス冷却炉があるが，実用化までには，まだ課題が多い．

5.2.3 核融合

今まで述べてきたのは，核分裂反応を利用した原子力の利用であるが，逆に，重水素や三重水素（トリチウム）などのような軽い原子核同士を融合させてヘリウムといった質量の大きい原子核を生成する際に放出されるエネルギーを使う方法がある．これが，核融合発電である．

核融合を起こさせるには，原子核が融合する環境を作る必要がある．この方法はいくつか提案されており，そのうち，最も注目されているのはトカマク炉である．これは原子核をプラズマ状態にして核融合させるために必要な高温の環境を，磁場をかけることによって作り出す方法である．現在，日欧米が協力して，大型国際熱核融合実験炉（ITER）の建設が進められている．計画では，2019年に最初の実験を行う予定であるが，すでに建設予算が50億ユーロから150億ユーロに上がっており，大幅な予算超過となっている．

このように，核融合は将来のエネルギーとして研究開発が進められているが，プラズマの発生や閉じ込め技術などの更なる技術の研究を行う必要がある．加えて，核融合は核分裂より大きなエネルギーが得られるが，それに耐えられる極限材料開発や，核融合反応の際に発生する中性子が周囲

の物質を放射化することから，放射化された炉壁の運転管理や放射性廃棄物の処理問題などの技術的課題がある．さらに，現在の発電と比べた場合の経済性の確認や発電に向けた多くの未解決課題を検討する必要があり，実用化までには，まだ，数十年はかかるとみられている．核融合は，長らく，未来のエネルギーといわれており（そして永遠に未来のエネルギーとも言われる），当面のエネルギー問題の解決には間に合いそうにない（リチャード・ムーラー，2014；山地，2009）．

5.3 福島第一原発事故と安全システム

5.3.1 福島第一原発事故の原因と課題

　原子力発電の安全性はどのように考えればよいのであろうか．1986年にチェルノブイリ原発事故が起きたとき，あれはロシアの原発のずさんな管理で起きた事故であり，日本ではありえない，という論説があった．チェルノブイリ原発においては，運転員の規則違反の試験運転に起因して，誤操作も加わり連鎖反応が拡大し核分裂が上昇する，いわゆる出力暴走が起きた．原子炉格納容器がない構造であったこともあり，原子炉および建屋の損壊という事態になった．福島第一原発の場合は，このような出力暴走が生じたわけではない．地震後，制御棒が働き，核分裂は停止したものの，崩壊熱（核分裂は停止したもののそれまでの核分裂で放射性物質が出す熱）を冷却する安全系統が機能しなかったため，メルトダウン・メルトスルー（溶融した燃料が，格納容器内に落下して溜まること）が生じた．

　他方，福島第一原発と10km離れている福島第二原発が3日目に冷温停止できた理由，違いは何であろうか．福島第二原発では交流電源が確保され，冷却系が作動した．海水ポンプは水没したが，修復可能な状態であった．また，非常用デーゼル発電機も動き，ポンプが破損しなかった3号炉は，3月12日午後12時15分に冷温停止している．その他の炉も，ポンプの修理が終わり，冷却系統が復活した14日以降に冷温停止している．つまり，福島第一の設備の防災対策が相当ずさんであったこと，特に海水ポンプが

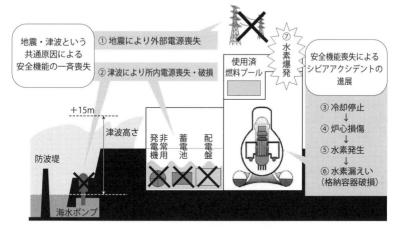

図 5.2　福島第一原発事故の原因
出典：原子力規制委員会 (2013)

海抜の低いエリアに無防備で設置されていたことが事故の大きな引き金になった.このため,交流電源の喪失に加え,海水ポンプが使えなくなったことによって冷却機能が失われ,メルトダウンが生じた.つまり,今回の事故の教訓は,最新の設備を備えるべきこと,設計・建設時に想定外のことでも,最新の知見に従って想定すべきということであろう.

それでは,まず,福島第一原発事故の原因,状況をより詳細に振り返ってみよう[ii].まず,地震により送電線が倒れ,外部電源(送電線)が喪失した.代わって交流電源を供給する非常用デーゼル発電機が起動し,冷却が行われた.しかし,すぐに津波によって非常用発電機が使えなくなり,全交流電源を失ったため冷却が停止した.また津波により,制御装置や非常用直流電源としての蓄電池も使えなくなった.通常,冷却が行えなくなると復水器の水を注水する,圧力抑制プールの水を用いる等の方法がとられる.しかし,今回は,そのいずれの方法もとられなかったか,対応が遅すぎた.その後,冷却水が供給されなくなった原子炉容器内の水位が下

がり，燃料棒が水面から露出して高温になって炉心損傷が始まった．安全機能が失われ，炉心損傷に至るこのような事故はシビアアクシデント（過酷事故）と呼ばれる．

燃料棒が水面から露出し水蒸気が発生し，それが燃料棒のジルコニウム合金と反応して水素が発生する．通常，水蒸気が発生するとそれを逃がすためにベント（排気装置）を用いて水蒸気を逃がすが，福島ではベント開放も遅れに失した（12日10時すぎにベント実施されたが，すでに11日17時ころには炉心損傷が始まっているとされる[iii]）．そして発生した水素は原子炉容器から漏えいして，原子炉建屋上部にたまり，水素爆発が発生して建物上部が破壊された．これによって，放射性物質が拡散してしまった（図5.2）．

5.3.2 福島第一原発の事故の教訓

福島第一原発事故から我々はどのような問題を学び，何を改善したのであろうか．それは日本政府が2011年6月に国際原子力機関（IAEA）に提出した報告[iv]にまとめられている．この中で，得られた教訓として，(1) シビアアクシデント防止策，(2) 事故対応，(3) 災害対応，(4) 安全確保の基盤，(5) 安全文化，の5項目が述べられている．

(1) シビアアクシデント防止策

シビアアクシデント，すなわち，通常想定される事故を超えた過酷事故が生じた場合についても想定する必要があるというものである．たとえて言えば，交通事故に備えて救急車を配置しておくことは通常の事故対策であるが，万一，救急車が故障した場合も考慮しておくようなものである．今回の事故において，想定外の事象による事故ということが繰り返し指摘されている．しかし，想定外とはどのような意味で用いられるのであろうか．今まで指摘された想定外とは①本当に想定できなかったというよりは，②発生する確率が低いとして無視された事象や想定の上限を設けて除外したケースがほとんどである[v]（柳田，2011）．今後の事故対応は，確率の

低い事故であってもすべて想定の中に入れていくべきという教訓である．これが，確率論的リスク評価（PRA, Probabilistic Risk Assessment）といわれる考え方である．福島の事故以前にとられていた考え方は，確定論的リスク評価といわれる．これは，想定されるいくつかの重大な事象について対策を講じ，それ以外の事象に対しては，重大な事象への対策で安全が確保されたとするか，想定外とするものである．

　福島第一原発事故でシビアアクシデント対策として指摘されたのは，①津波への対策が不十分であり，浸水を防止する構築物（防潮堤・水密扉）の設置が必要，②電源確保として，多様な非常用電源（電源車等）と環境耐性の高い配電設備の必要性，③冷却機能の多重性の強化として，代替注水機能の確保（消防車，ホースの配置）と水源多様化，④燃料プールの冷却機能，⑤アクシデントマネジメントとして，確率論的評価手法を採用する，⑥複数炉立地の課題に取り組み，炉の電源独立性を確保（複数送電回線）する，⑦施設の配置，事故の影響の拡大を防止できる施設の配置（海抜30m以上）などである．

(2) 事故対応

　事故対応とは，想定外の事故が起きた時の対応をあらかじめ検討しておく必要性である．今回の事故では，機器の脆弱性の問題とともに，事故が起きてからの対応のまずさも多々指摘されている．①水素爆発防止，②ベントの操作性の問題，③制御室などの放射線遮蔽，④個人被ばく管理，⑤連絡体制，⑥計装系（情報），⑦資機材，レスキュー部隊，などが課題であり，想定外の事態に対しても，あらかじめ検討をしておくことの必要性が述べられている．

(3) 災害対応

　災害の対応とは，①自然災害との複合対応，長期化への対応，②モニタリング体制，③現地と中央の役割分担，④放射能影響のリスクコミュニケーション，⑤国際協力体制，⑥広域避難範囲，防護基準などであり，こ

れらは原子力事業者のみならず，地域の自治体や住民を含んだ対応の必要性を語っている．

(4) 安全確保の基盤

安全確保の基盤とは行政の対応体制の問題である．具体的には①規制行政，②法体系見直し，③PRAの活用である．

福島第一原発事故を踏まえ，平成24年6月に原子炉等規制法が改正され，原子力規制委員会によって，平成25年7月に実用発電用原子炉に係る新規制基準が定められた．これまでと大きく変わった新基準の考え方は，過酷事故対策（シビアアクシデント対策，例えば①炉心損傷対策，②格納容器破損防止対策，③放射性物質の拡散防止対策など，事故を想定した対策）が盛り込まれるとともに，自然現象の想定の大幅な引き上げ，すでに運転の許可を得ている原発についても新規制基準への適合を義務付けたこと，が挙げられる．自然現象による事故の可能性の想定を大幅に引き上げたことは，活断層の評価の見直しがある．従来の12～13万年前からの断層を活断層とする考え方から，40万年前からの断層を活断層とする考え方に見直した．

シビアアクシデント対策として，①炉心損傷対策としては，全電源喪失時であっても，手動式逃し弁で圧力を減圧し，可搬式注水設備により炉心に注水，②格納容器破損防止対策としては，フィルター付きベント，水素の分解による水素濃度の低減装置の設置，③放射性物質の拡散防止対策としては，屋外放水設備の設置，放射性物質拡散抑制対策，使用済み燃料プールの冷却手段の確保などが挙げられる．また事故対策として，避難計画の充実など万が一にも事故があった場合の被害を最小限にする対策も盛り込まれた．これは，従来の事故は起こらないという想定からの転換である（図5.3）．

これらの対策の考え方として，リスクアセスメントの考え方の大きな変更がある．それは，PRAの考え方に沿って，対策を要求することである．

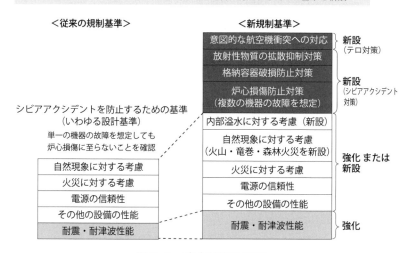

図 5.3　安全対策の見直し
出典：原子力規制委員会（2013）

PRA は，不確かさを明らかにする手段であり，PRA によって知見のない部分，不確かな部分が明らかになることにより，把握されていない安全問題が明示され，それに対する解決策を求めていくことができる．したがって，リスク対策とは，よりリスクの少ない（安全な）原子炉の設計建設を行い，加えて，リスクの高い設置場所をさけることによって（例えば地震多発地帯）リスクを少なくし，また，適切なリスク対策を講じることによって実施される．

5.3.3　リスク管理

これからの原子力の安全性評価は，こうした対策を講じることで客観的にどの程度安全性が高まったか，どの程度の安全性なら許容できるか，という評価が必要であり，そのためにリスク論というツールを用いる必要がある．日本において，リスク論が適用されたのは，1993年の水道水質基準

の目標が最初である．ここで発がん物質の含有のリスクレベルを10^{-5}にすることとして基準が設定された．この10^{-5}とは，がんによる死亡確率を10万人に一人の確率まで低下させた場合，他のリスク要因と比べて，実質的に安全とみなす，社会的に許容できるリスクレベルという考え方である．同様に，1996年の有害大気汚染物質に関する大気環境基準設定に際してもこの考え方が適用された．有害大気汚染化学物質のうち，明確に発がん性を有する物質としてリスクレベルが高いものは，ベンゼンとホルムアルデヒドである．このうち，ベンゼンは幅広い用途に用いられており，発がん性については，しきい値（この濃度以上であると，健康被害が発生するという値）がないため，明確な規制値が定めにくい．そこで，ベンゼンの環境基準は，一定の確率で発がんになる可能性までは，社会的に使用が許容できる値を定めることとし，その場合の発がん確率は10^{-5}と設定された．これはしきい値がない発がん物質では，リスク管理の概念として広く採用されている．このようにゼロリスクを求めることなく実質的に安全とみなす，あるいは許容できるリスクという考え方が導入されている．

　原子力の安全性をリスクで評価することは，以前から試みられてきた．原子力安全委員会においては，原子力利用活動による放射性物質の拡散による健康被害は「公衆の日常生活に伴う健康リスクを有意に増加させない水準」にすると述べられており，がんなどの疾患による死亡確率が1×10^{-3}，交通事故が1×10^{-4}程度であることを踏まえ，原子力活動による死亡率は1×10^{-6}とされている．

　原子力規制委員会は，安全目標として，セシウム137の放出量が100テラベクレル（放射能の強さを表す単位）を超えるような事故の発生頻度は，100万炉年に一回程度を超えないように抑制されるべきであるという目標を定め，新規制基準は，これを保証するものとされている．

　安全対策を進めるにあたって，このような，リスク論に基づく科学的な裏付けが重要である．また，それとともに国民的理解ということも重要な事項となっている．国民的理解とは，安全性の向上に向けた科学的な評価，判断について，実質的に安全とみなす，あるいは社会的に許容できるレベ

ルについて，国民の理解と共有を得ることである．この問題を考えるとき，今までは絶対に安全という評価をつくりあげ，それを安全神話として説明してきた間違いがある．あらゆる事象に絶対ということはない．より安全性を高めることによって，実質的に安

図5.4　世の中の利便性とリスク

全，あるいは，社会的に許容できると評価・理解されることである．残されたリスクは，他のリスクとの相対化や，リスクとともに得られる便益との比較になる．

　これからの安全対策はこの様なリスク論の考え方を踏まえて設計する必要がある．それが，結果としてより安全な対策を優先することにもつながる．また，現在の知見では予測できないリスクがある場合，リスクに対する予防的措置とともにリスクが発生した時の対応も取っておく必要がある．

5.3.4　放射線低線量被ばくリスクの評価

　福島事故で生じた放射能汚染による低線量被ばくリスクについても論点となっている．

　低線量被ばくについては，広島，長崎の被爆者の追跡データから約4万人のデータが存在する．このデータをもとに，放射線の被ばく量と発がんリスクの関係を調べた結果がある．これによると，100ミリシーベルト（シーベルトは，被ばく線量の人体への影響を表す単位）を超えると発がん率は有意に上がる．しかしながら，100ミリシーベルト以下では，他の発がん理由に消されて，有意な結果は得られていない．それでは，100ミリシーベルト以下の領域では，リスクはどのように評価すればいいのであろうか．これについては，2つの考え方がある．1つは，100ミリシーベルト以上の関係を，それ以下の領域に外挿して推定する方法である．これ

《理論的解説》 リスク認知の違い

　すべての事象には，リスクがある．普通に健康的な生活をしていてもがんになるリスクはあるし，喫煙すれば発がんリスクは1.6～2倍にもなるし，肥満も1％の発がんリスク増加につながる．ちなみに，放射線の発がんリスク（正確には，生涯累積がん死亡リスク）は，100ミリシーベルトにおいて，0.5％の増加であり，他のリスクに比べれば大きなものではない．もちろん，放射線の発がんリスクは，無視してよいというものではない．それではどのようにリスクを相対化し，便益（ベネフィット）と比較して許容できるレベルを判断すべきであろうか．

　ある事象によって何％リスクが高まる，対策によってどのくらいリスクが低下する，という評価がリスク評価である．また，あるリスクに対してどの程度便益が見込まれるか，という比較評価が費用便益分析である．もし，高いリスクを有している事象であっても，それ以上の効果（便益）があれば，それは許容できるものとみなせるようになる．例えば，原子力の事故のリスクを自動車の事故リスクと比べると自動車のリスクのほうがずっと高いではないかという意見がある．確かに自動車の事故リスクは，非常に高い（ドライバー5千人に一人の死亡確率）．しかし，自動車の利用には大きな便益がある．だから，人々は自動車事故のリスクにもかかわらず自動車を利用する．リスクの受容度は，利益（便益）が大きければ，大きくなる．利益が2倍になれば，リスクの確率が8倍になっても人々は受け入れるという研究がある[vi]．

　原子力発電所の利用にも電力の安定的かつ安価な供給という便益がある．しかし，ここでもう1つの問題が発生する．自動車のリスクと便益は，自動車の運転者という同一人物に発生する．したがって，リスクと便益の比較は同一人物について行うことができる．原子力発電の利用の場合は，リスクは，原子力発電所近傍の人々に発生し，一方で便益は電力を使う人全員に生じることである．このように，リスクを負う人と便益を得る人が異なると，単純なリスクと便益の比較ができなくなる．

　加えて，被害をこうむる人の平等性，自発性，価値観なども主観的リスク形成に大きな影響を及ぼすといわれる．自動車の運転にせよ，ベンゼンの利用にせよ，それを使用する人は，リスク（事故，健康被害）の発生をあらかじめ認識しながら行動している．こうしたリスクを自発的リスクという．原発は，いままで絶対安全といわれてきたので，人々には原発の事故リスクを認識しながら電力を使っていた認識が十分でなかった．こうし

たリスクは非自発的リスクに属する．自発性の有無はリスクの受容に1000倍影響するとされる．

　リスクが大きく異なる原因の1つは上記のような理由ととともに，人々のリスク認知の内容がある．一般的に，大きな被害をもたらすリスクについて，人々は，より大きなリスクと認識する傾向がある．そして日常起こる事象のリスクは低いとみなしがちである．一般に科学的に判断される客観的なリスクと，個人が認識するリスクは異なることが多い（図5.5）．また，科学的に不明確なことが多く，一般に理解しにくい内容を含んだ事象は，いったん「危ないもの」と認識されてしまうと，その後に安全に関する正確な情報が出ても受け入れられにくい傾向がある．すなわち，情報を発信する側に対する信頼性が欠如している場合，その安全性のリスクは増大して受け取られ，情報を受け取る側の安心感が損なわれるということがある．リスク情報を積極的に開示するとともに，社会的な信頼度を構築しておくことがリスクの減少に極めて有効に働く．

　もちろん，リスク論にも限界がある．直接の死亡確率のみを評価してきたが，環境への影響や生活をしていく上での障害などは評価が難しい．福島の事故において留意すべきは，直接の被害者の数では測りきれないことがある．現実に福島県においては，避難をしている人々が6万人にも上り，震災関連死とされる人が1383人と全国合計2688人の半分以上を占めている．この多くは，もちろん放射線による被ばくで死亡したわけではないが，避難所等での疲労，病院の機能停止によって亡くなった方々である．これらを含めると死亡確率は，ゼロではない．さらには，ふるさとという地域の喪失という大きな問題もある．

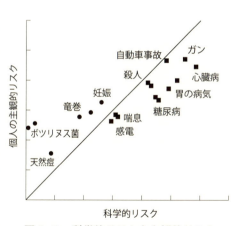

図5.5　科学的リスクと主観的リスク
出典：Slovic *et al.*（1979），Kolstad（2010）を修正

は健康影響のしきい値（健康影響が発生しないという値）がない場合に用いられる．他の考え方は，100ミリシーベルト以下では，リスクは検出できないとして，ゼロに近似したとみなす方法である．近年の考え方は，発がん性はしきい値がないので，安全側として外挿するという考え方である．しかしこれを突き詰めると，放射線は限りなくゼロに近づけることが望ましいという結論になる．

　ところで発がんリスクを考える際にチェルノブイリ原発事故によって，実際に発がん率がどのくらい上昇したであろうか．チェルノブイリでは，小児甲状腺がんが有意に増加している．これは，事故直後の放射線被ばくに最も大きい影響がある放射性ヨウ素を大量に含んだ牛乳を飲んだ子供たちに高いリスクが生まれたことによる．今回の福島事故では，放射線のセシウム137とヨウ素139が拡散したが，ヨウ素の摂取は，食物検査や制限が課せられたため被害は認識されないであろう．

　チェルノブイリでは，年間5ミリシーベルト以上の地域の住民に，避難命令が出された．しかし，この結果「避難に伴うストレスのほうが放射線被ばくより大きな損害をもたらしている」と報告されている[vii]．国際放射線防護委員会（ICRP）は現存被ばく状況（事故における影響が残る状況）における参考レベル線量を年間1～20ミリシーベルト，長期的には年間1ミリシーベルトにすべきと勧告している（ICRP, 2007）（以下，断りがなければ，被ばく線量は年間である）．これは次のことを示唆している．20ミリシーベルトまでなら，そこにとどまって生活してもよい．しかし放射線のリスクは低いほうが好ましい．1～20ミリシーベルトの間で現実的に対応可能なレベルを設定すべきである．そして長期的には1ミリシーベルトにすべきである．

　これらの基準値は，矛盾しているように見える．しかし，社会には数多くのリスクがあり，それを相対化して考えれば，1ミリシーベルトにならないと全員移住すべしというのは間違いである．それは，帰還できないことによって生じるストレスや体調不良の問題の方がリスクが高いからであり，1ミリシーベルトのリスクは，それより高くないからである[viii]．

また，1～20ミリシーベルトの間でどのレベルを政策的に採用するかということについては，いくつかの科学的な推計がなされている．中西（2014）は，累積被ばく量が50ミリシーベルトになるよう，かつ，15年後には1ミリシーベルトになるようなレベルを考えるとき，気象などで減衰することを考慮すると現在のレベルでは5ミリシーベルトが適切であると述べている[ix]．科学的に安全とみなされる20ミリシーベルトと，さらに，政策的に下げていくことも望ましいという考え方が存在するということになる．

5.4 経済性についての論点

原子力の安全性とともに，経済性も当然考えねばならない論点である．経済性を考える場合，重要な点は，発電原価，廃止に伴うコスト，停止に伴う課題である．

5.4.1 原子力の発電コスト

発電原価について，2015年資源エネルギー調査会発電コスト検証委員会が発表した試算がある[x]．この試算には，2011年の東日本大震災以後の見直し要因，すなわち，被害補償（除染費用なども含む）や政府支援，廃炉などの要因も加味されている．これによると，原発は従前の試算よりも上昇しているが，1kWh当たり10.1円となっており，他の電源（石炭火力12.3円，LNG火力13.7円）よりも依然として安い．内訳は事故リスク0.3円（賠償見積額5.7兆円，廃炉費用1.7兆円，除染費用3.7兆円として），政策支援1円，核燃サイクル費用1.5円（高レベル放射性廃棄物処分費用12兆円として），追加安全対策0.6円（原子炉一基当たり600億円の追加対策），運転コスト3.3円，建設コスト3.1円となっている．

この試算についても不確定要因はある．1つは，被害補償の額である．この額はいまだ確定していないものである．そこで，被害補償の影響がどのように原発のコストに響くのか考察してみよう．現在，福島の被害補償費用は，5.7兆円，除染費用が3.7兆円と見積もられている．被害補償の

額がこれからどのくらい大きくなるかわからないので，仮に10兆円増加したとする．この増加によりコストを0.4円押し上げると計算できる．単純計算で，仮に福島の被害の費用が100兆円になれば，これは原発のコストを4円押し上げることになる．また，再処理費用については，今までも遅延や見直しでコストが膨らんでいる．仮に再処理費用が1.5倍になると0.25円のコスト上昇になる．高レベル放射性廃棄物の処分コストも未確定要因である．ただ，現在のところ，高レベル放射性廃棄物のコストは0.04円であり，全体の中では大きなコスト要因になっていない．

加えて，正確な試算は難しいものの，福島県で避難生活を続けている6万人の人々と地域に対しては，上記の被害額計算では含まれない計り知れない影響を与えている．これは，被害補償だけにとどまらず，立ち入り禁止や人口減少という地域の喪失といった影響もある．こうした被害はいまだ算定されていない．

5.4.2 原発の廃止に伴うコスト

原発を仮に廃止するとどのくらいのコストがかかるのであろうか．すべての日本国内の原発を廃炉するとどのようなコストが発生するのかを考えてみよう．原発には，100万kW級一基当たり3000億円近くの建設費がかかる．この建設費の減価償却は，原発の稼働に伴って生じる利益から償却する．また，原発の放射性廃棄物処分費用は，同じく原発の運転中に積み立てることになっている．建設から日にちがあまり立っていない原発を廃止すると，減価償却が済んでいない費用＝残存簿価が発生する．また，放射性廃棄物の処分費用の積み立てが足りないことになる．現在のすべての原発の残存簿価を合算すると2.8兆円に上ると試算されている（表5.2）．これを見ると東北電力や北陸電力の一基あたり残存簿価が高いが，これらの電力会社では，運転開始からいまだ日にちが浅い原発が多く，原価償却がすすんでいないことを示している．また，操業途中で廃止すると放射性廃棄物の処分費用の積み立てが行われていないことから，この資金も足りないことになる．原発の廃止にともない，この費用をどうするかという問

表 5.2　原発の残存簿価（単位：億円）

	原発基数	残存簿価	廃炉未引当
北海道電力	3	2579	828
東北電力	4	3489	1524
東京電力	13	7491	4076
中部電力	3	2428	1441
北陸電力	2	2170	958
関西電力	11	3835	1450
中国電力	2	774	287
四国電力	3	1079	411
九州電力	6	2345	1036

出典：総合資源エネルギー調査会（2013）[xi]

題を考えねばならない．実際，ドイツでも原発の廃止をすぐにはできないのはこの残存簿価問題のためである．

5.4.3　原発の停止に伴う課題

　原発の停止に伴って，代替でLNG火力などを動かしているが，このため追加の燃料費コストとして日本全体で，毎年3.6兆円のコストがかかっていると試算されている．このコストの評価はともかく，本来LNGはフル運転をする電源ではないにもかかわらず，原発の停止に伴いフル運転を行っており，このため，緊急時の予備率が低下している．日本は，いままで予備率が高かったが，これは，すでに述べたように，日本国内で独立した地域独占の電力会社が日本の電力供給を担っていたためである．さらに，特に夏場の電力需要がエアコンに大きく影響され，最大需要は，気温に大きく影響される．この様な状況で，電源脱落リスク（火力の停止）が大きなリスク要因となっている．原発の停止に伴い老朽の石油火力も稼働しており，その電源脱落リスクも上がっている．2012年夏，北陸電力は最大需要526万kWに対し，最大停止93万kWが発生し，他電力からの供給でしのいだ．また，北海道電力の高いリスク（供給力600万kW，過去の最大電源脱落平均114kW）にもかかわらず，他電力からの応援は，北本連系線（60万kW）のみで，常に供給上のリスクを抱えている．原発の発電割合

をどの程度にするかを決めて，それを踏まえた予備電源を確保する方策を考えることが求められている．

5.5 原子力の未解決の問題

ここまで，原子力の安全性と経済性という重要な論点について，考察してきた．しかし，原子力の抱える重要な問題が2つ残っている．核燃料サイクルの是非と高レベル放射性廃棄物の地層処分である．

5.5.1 核燃料サイクル

原子力発電を行うと使用済み核燃料が生じる．この使用済み核燃料には，未燃焼のウラン，生成したプルトニウム，処分しなければならない核分裂生成物（高レベル放射性廃棄物）が混ざっている．使用済み核燃料中の放射性物質は，およそ，ウラン95％，プルトニウム1％，高レベル放射性廃棄物3～4％である．この中から，有用なウラン，プルトニウムを取り出し，高レベル放射性廃棄物を抽出しなければならない．この過程が，再処理であり，再処理によってウラン，プルトニウムが再び燃料として用いられるため，核燃料サイクルと呼ばれる．欧州のイギリス，フランスなどは核燃料サイクルを進めている．他方，アメリカ，カナダ，スウェーデン，フィンランドなどでは再処理を行わず，使用済み燃料は中間貯蔵を経たのちすべて直接処分するという方針を採っている．

日本では，核燃サイクルを進める方針のもと，青森県六ケ所村に再処理工場が建設されており，2006年に試運転を開始している．しかし，放射能漏れ等のトラブルが相次ぎ，加えて，建設費用も当初予定の10倍の2兆円になっている．このような状況から日本でも，再処理を行わず，直接処分をすべきという主張が繰り返されている．この理由は，ウラン原料価格が安定している一方で，再処理のコストが非常に高いこと，プルトニウムの利用先として想定されていた高速増殖炉計画が事実上とん挫していることなどが挙げられる．これに対し，直接処分では，処分する放射性廃棄物の

量が大きくなることから，核燃料サイクルを引き続き行うべきとの反論がなされている．原子力委員会が2011年に行った比較検討では，全量直接処分のコストは1〜1.35円/kWh，再処理が1.98〜2.14円/kWhと全量処分した方がコストが安い．特に，高レベル放射性廃棄物の処分が確定していないこと（処分場が決まらないこと）も絡み，使用済み核燃料をどのように処理するかは，依然，原子力の大きな課題である．

5.5.2 高レベル放射性廃棄物

使用済み燃料から取り出された高レベル放射性廃棄物は半減期が非常に長いため，長期間にわたり安全に貯蔵しておく必要がある．「高レベル放射性廃棄物処分は，人間の歴史を超える超長期の時間範囲を考慮して対応する必要があるため，原子力開発にとって最大の難問の一つ」（山地，2009）である．高レベル放射性廃棄物は，地中300mより深い地層に処分される（図5.6）．1960年代から欧州で実験が始まり，技術的には確立されているといえる．すでに，スウェーデンやフィンランドでは，処分場が建設中であり，フランスでも処分場候補地において，実証試験が行われている．日本においては，北海道などで実証試験が行われている．

高レベル放射性廃棄物の問題は，技術問題というより，社会的合意形成の重要性と認識されている．フランスでは，1980年代に候補地を選定したが，反対運動によりいったん挫折している．アメリカでは，ネバダ州のユッカマウンテンで20年にわたり研究を進め，処分場として決定したが，地元の反対やアメリカ連邦政府の方針変更で白紙に戻っている．その中で，フィンランドやスウェーデンにおいては，処分場の建設が進んでいる．フィンランドやスウェーデンでの世論調査を見ると，原発の地元での受け入れに対する肯定的回答が非常に多い．スウェーデンでは，地元の世論調査で，2009年に8割の住民が肯定的な返答をしている．これは，事業者の情報公開と勉強会による学習効果による．加えて，候補地の地盤が非常に強固で安定していることが挙げられよう．フィンランドのオルキルオトでは処分場の建設が進められているが，サイト確定調査が行われたのは1983

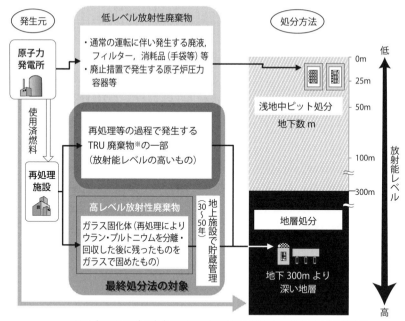

※ TRU（TransUranium）元素（ウランより原子番号が大きく半減期が長い放射性元素）を含む廃棄物

図5.6　高レベル放射性廃棄物
出典：資源エネルギー庁（2011）を修正

年であり，処分場の候補地を絞っていき，最終地点を決めるのに20年以上を有している．ちなみに，このサイト周辺地域では放射性廃棄物の受け入れに6割以上の人々が賛成している．

　これを踏まえ，日本でも，平成25年から政府がまず高レベル放射性廃棄物の適地を科学的な見地から選定し，それをもとに，候補地を絞り込むという方針に転換した．しかし，具体的な候補地の選定までには，まだ相当な時間を要すると思われる．いずれにせよ，候補地の選定や処分場のコストなど，高レベル放射性廃棄物処分には，社会的合意形成という大きい問題が残っている．

5.6 原子力と社会受容

　原発は，リスク管理の考え方で限りなく安全性を高めることはできる．しかし，すでに述べたようにリスクはゼロにはならないので，原発の事故リスクは存続する．原発利用のメリットとデメリットを評価するのは，先に述べたような認知バイアスがある限り，人によって大きく異なる．

　原発の安全性を科学的に証明したとしても，その安全性の証明が理解されない，あるいは，メリットを感じられなければ，原発の社会的受容性は不透明である．ここでいくつかの意見を見てみよう．

　福井県の西川知事が総合エネ調で述べた意見である[xii]．

　「すでに原発停止に伴うLNGや原油などの化石燃料の輸入により，2011年10月まで16か月連続で貿易赤字を続けている．こうした国富流出が恒常化し，電気料金の高止まりが続けば，企業の海外流出，雇用の喪失等が生じ，国民生活の安定や産業の発展にも影響が出る．また，立地地域としては原発の方向性が明確に示され，安全性が確保されることが何よりも重要である．国は現在の状況をいつまでも続けられないことを国民にしっかり説明すべき．」

　すなわち，原発がないと日本経済が立ち行かなくなるという認識をもって，原発の利用は不可避であると，述べている．

　この後者の点については，異なった見解も存在する．例えば，大飯原発３，４号差し止め訴訟における福井地裁判決（2014年5月）は，以下の通り述べている．

　「新しい技術が潜在的に有する危険性を許さないとすれば社会の発展はなくなるから，新しい技術の有する危険性の性質やもたらす被害の大きさが明確でない場合には，その技術の実施の差止めの可否を裁判所において判断することは困難を極める．しかし，技術の危険性の性質やそのもたらす被害の大きさが判明している場合には，技術の実施に当たっては危険の性質と被害の大きさに応じた安全性が求められることになるから，この安全性が保持されているかの判断をすればよいだけであり，危険性を一定程

度容認しないと社会の発展が妨げられるのではないかといった葛藤が生じることはない．原子力発電技術の危険性の本質およびそのもたらす被害の大きさは，福島原発事故を通じて十分に明らかになったといえる．」

　上記の判決は，原発の被害をみれば，社会の発展が妨げられるという観点は，考慮しなくても良いと述べている．つまり，原発はデメリットが非常に大きいので，社会の発展といったメリットを超えてしまう，という判断である．この判断には価値観が入る．ただし，過去の事故被害をもって，将来の事故被害を同等と仮定するのは，科学的には正しくない．あくまで，将来のリスク評価を行ったうえで，判断することが必要である．将来のリスク評価の基準である，新規制基準の合理性については，裁判所によって判断が分かれている．合理的とする決定（鹿児島地裁［2015年4月］，福井地裁［2015年12月］），不合理とする決定（福井地裁［2015年4月］，大津地裁［2016年3月］）に見解が分かれている．世論調査によれば[xiii]，今後，安全基準や対策を強化すれば，安全なものにできると考える人と，そう思わない人の割合は拮抗している．しかし，新規制基準を適用したとしても再び事故が起きるだろうと7割の人々が思っている[xiv]し，国の安全対策は信頼できないと思っている人が6割以上，そもそも安全対策の説明を受けていないと思う人が7割以上もいる[xv]ことは，コミュニケーション不足の面を露呈している．

　他方，「エネルギー政策についてもわかりやすい情報があれば，一般の人でも理解できる」と思っている人が7割近くに上っている[xvi]．

　原発の将来の安全度については，これからも社会的合意に向けた議論が行われるべきであろう．そのために，すべてのリスクを正しく評価して，費用と便益を十分検討する体制が求められている．リスクがあるからといって使うことをやめるという判断ではなく，正しいリスクを評価していくことが問われている．そして，そのリスクのコミュニケーションをどう行うかが求められている．

注

i 森一久（1986）『原子力は，いま』日本原子力産業会議．通常，損害賠償は製造者も責任を問われるので，メーカーが免責されるということはない．
ii 東京電力福島原子力発電所における事故調査・検証委員会（2012）他
iii 原子力安全保安院（2011）『東京電力株式会社福島第一原子力発電所の事故に係る1号機，2号機及び3号機の炉心の状態に関する評価について』．
iv 原子力災害対策本部（2011）国際原子力機関に対する日本政府の報告書．
v 柳田邦男（2011）『想定外の罠』文藝春秋．
vi 岡本浩一（2013）「付きまとうリスクと向き合う一定量的思考の必要性」『アステイオン』第78号．
vii ロシア政府（2013）『チェルノブイリ事故25年 ロシアにおけるその影響と後遺症の克服についての総括及び展望』．
viii 中西（2014）
ix ICRPでも，5 mSvであれば十分リスクが低いことを説明している．また，中西は，最もリスクが高い子供を考えて15年同一個所にとどまった場合を仮定している．
x 総合資源エネルギー調査会発電コスト検証ワーキンググループ第7回会合資料（2015）「長期エネルギー需給見通し小委員会に対する 発電コスト等の検証に関する報告」．
xi 総合資源エネルギー調査会（2013）「基本政策分科会議題に対する意見」基本政策分科会第11回参考資料5．
xii 総合資源エネルギー調査会（2013）「基本政策分科会議題に対する意見」基本政策分科会第11回参考資料5．
xiii NHK放送文化研究所（2013）「原発とエネルギーに関する意識調査」．
xiv NHK放送文化研究所（2015）「高浜原発の再稼働に関する調査」．
xv NHK放送文化研究所（2015）「高浜原発の再稼働に関する調査」．
xvi 小杉素子（2014）「環境・エネルギー問題に関する世論調査」電力中央研究所報告Y14004．

問題

1. 原子力の安全性の確保の手段について考えてみよう．

2. 科学的なリスク評価と主観的リスクがなぜ異なるのか,理由を考えてみよう.
3. 「2013年は,原発が0でも,電力供給は通常通りであった.したがって,安定供給上,原発は不要である」.この意見をリスク評価の観点にたって考察しよう.例えば,次の意見と比較してみよう.「2010年は,原発の事故はなかった,したがって,原発は安全である」.

参考文献

原子力規制委員会(2013)「実用発電用原子炉に係る新規制基準」.
斎藤誠(2012)『原発危機の経済学』日本評論社.
東京電力福島原子力発電所における事故調査・検証委員会(2012)「最終報告」.
中川恵一(2012)『放射線医が語る被ばくと発がんの真実』ベストセラーズ.
中西準子(2014)『原発事故と放射線のリスク学』日本評論社.
山地憲治(2009)『原子力の過去・現在・未来』コロナ社.
リチャード・ムーラー(2014)『エネルギー問題入門』楽工社.
ICRP(2007)「国際放射線防護委員会 2007年勧告」.
ICRP(2008)「原子力事故または放射線緊急事態後の長期汚染地域に居住する人々の防護に対する委員会勧告の適用」.
Kolstad(2010)*Environment Economics*, Oxford University Press.

第6章
再生可能エネルギー

　再生可能エネルギーは風力，太陽光，水力，地熱，バイオマス，波力など，自然エネルギーを利用するものである．自然のエネルギーであるので，採掘されれば徐々にその資源量が減っていく化石燃料やウランなどの枯渇性エネルギーとは異なり，資源として枯渇することもなく，エネルギーの利用に伴う環境への影響や温室効果ガスの発生も相対的に見て少ないとされる．したがって，クリーンかつ持続的なエネルギーとして認識されている．他方，自然のエネルギーであるので，そのポテンシャルが地域によって大きく異なる（地域性），天候により出力が安定しない（不安定性，風力・太陽光），エネルギー密度が低い，コストが高いという課題がある．

　再生可能エネルギーは，エネルギー供給の抜本的な解決になるのではないかとの夢を与えてきた．化石燃料は，環境問題や中東からの供給途絶リスクを抱え，原子力はプラントの安全について考えなければならない．それに対して，再生可能エネルギーは，将来性に満ちている，まるで，無限の可能性を持つ子供のようである．風力発電のウインドファームは写真集の表紙を飾り，太陽光は自分の家で発電し収入をもたらす喜びを与えている．しかし，この再生可能エネルギーも成長するにつれて，問題を引き起こしつつある．導入量が増えるにつれ，その供給の不安定性から，電力供給システムに問題を発生させるリスクが明らかになっている．2014年には，九州電力を初め多くの電力会社が接続協議を停止した．また，その高いコストと導入量が賦課金の上昇となって電気料金に影響を与え始めた．

　再生可能エネルギーは，将来これらの問題を解決し，幸運をもたらしてくれるのか．再生可能エネルギーにも，風力，太陽光，バイオマスとそれ

それ違った個性を持っている．この章では，それぞれのエネルギーの個性を解説し，再生可能エネルギーの将来とその課題がどのように解決できるのか，探ってみよう．

なお，本章において，2030年の見通しは，長期エネルギー需給見通し（資源エネルギー庁，2015）を引用しているが，その需給見通しの評価については，6.5節で解説する．

6.1 現状と特徴

6.1.1 現状

世界のエネルギー供給をみてみると，再生可能エネルギーは，世界の一次エネルギー供給の1割を占めている．しかし，この大半は，開発途上国におけるバイオマスの熱エネルギー利用，すなわち，薪や牛糞などの非商業用エネルギー利用である．このような利用は，生活水準の上昇とともに減っていき，それにかわって今後期待されるのは，太陽光，風力などの再生可能エネルギーである．風力と太陽光は2010年以降急激に増加しており，世界の電源構成で再生可能エネルギーの占める割合は2割以上になっている．また，電力においては，水力発電が支配的な地位を占める．

ドイツは，アメリカを除けば世界最大の再生可能エネルギー電気の利用国である．この導入拡大には，再生可能エネルギーの購入を電力会社に義務づけるFIT（固定価格買取制度，feed in tariff）が大きな役割を果たした．FITは，再生可能エネルギーごとに買取価格を設定し，電力会社に全量買取義務を負わせる制度である．実際，FITが導入された1991年には，450万kWであった再生可能エネルギーの発電設備容量が，2001年には1432万kWにまで拡大した．一方，その中でコストが高い太陽光が急激に拡大したため，導入費用が急激に膨らんでいる．電力会社は，コストの高い再生可能エネルギーの導入に必要な経費を賦課金として電力料金に加算している．このため，ドイツでは，再生可能エネルギー導入に伴い，賦課金単価は上昇し平均的家庭の負担が2400円／月以上となっている．

日本では，再生可能エネルギーの導入義務を電力会社に負わせるRPS制度（導入量義務付け制度，renewable portfolio standard）が2002年に導入され，これによって，風力の導入規模が拡大した．日本のRPS制度では日本全体の再生可能エネルギーの導入目標を設定し，電力会社に導入を義務付ける制度であったが，FIT導入とともに廃止された．2012年からは日本でもFIT制度が導入され，大規模な太陽光発電設備（メガソーラー）が急激に拡大した．現在，日本の再生可能エネルギーの設備容量は，約3000万kW（2014年度末，水力除く）であり，そのうち8割は太陽光である．2012年からは年率33％という急激なスピードで再生可能エネルギーの設備容量が伸びており，その結果，変動型再生可能エネルギー発電に対応する調整能力の限界が顕在化した．太陽光や風力などの出力変動を調整する火力などの調整能力を超えると，電気の需給のバランスが崩れ電気の周波数や電圧が変化して電気の遮断が生じる．そのため，系統の調整能力が再生可能エネルギー導入量の制約となる．これを系統制約という．2014年9月には，九州電力において再生可能エネルギーの接続協議を中断するという発表が行われ，北海道電力，東北電力，四国電力，沖縄電力など系統容量が小さい電力会社においても同様の問題が発生している．今後，日本において，再生可能エネルギーの導入を図るには，この系統制約の問題をどのように解決するかが最大の問題といってもよい．また，ドイツと同様，導入量の拡大に伴って，賦課金の額が上昇しており，2015年の賦課金は，全体で1.3兆円になり，kWh当たり1.58円，標準家庭当たりの電気料金の追加負担は月額400円程度と，負担額は2014年から倍増している．今後の導入の拡大のためには，再生可能エネルギーの発電コストを一層引き下げることが必要である．

　再生可能エネルギーのうちでも水力や地熱は出力が安定しているので，ベースロード電源として利用が可能である．他方，風力，太陽光は出力が変動するので，系統制約が発生する．その中でも太陽光は風力より安定度は高く，ある時点の出力を予想することがほぼ可能である．太陽が照っている場所ではどこでも発電は可能であり，系統電源としても分散型エネル

ギーとしても適している．他方，風力は，風の強さの3乗に出力が比例するので風をたくさん受けることができる規模になるほど効率が上がるし，調整電源が必要であるので，基本的には系統に接続して用いられる．小規模のバイオマスや地熱，小水力は出力が安定しているが，エネルギー資源として立地制約が大きい．よって，これらのエネルギーは，ローカルなエネルギーとしての利用，分散型エネルギーとしての活用も重要である．

再生可能エネルギーは立地場所によって得られる出力が大きく変わる．再生可能エネルギーの特徴を概観しながら，それぞれが持つ課題と，将来の導入ポテンシャルについて考えていく．

6.1.2 太陽光

太陽光発電，あるいは，太陽熱は日射量に出力が左右される．世界の太陽光エネルギーのポテンシャルを見てみよう．図6.1は，世界の太陽光のエネルギー分布を表している．図6.1からわかるように，砂漠地帯の

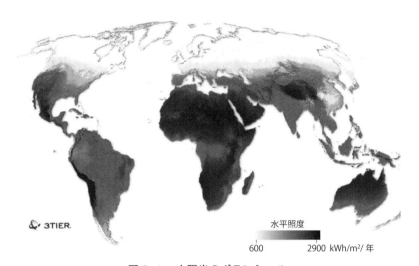

図6.1　太陽光のポテンシャル
出典：IEA（2014）Technology Roadmap Solar Photovoltaic Energy

日射量は非常に大きい．太陽光のエネルギーの強さは，砂漠など赤道近くでは強く，緯度があがるにつれ低くなる．例えば，欧州では，スペインはドイツよりもずっと単位面積当たりの日射量が高い．

　日本は，曇りや雨の日も多いので年間の日射量は世界的に見れば，特に多いわけではない．日本国内での太陽光のポテンシャルを地域別にみると，太平洋岸の日射量が高いが，山梨県や北海道帯広地域などで局部的に高いところがある．山梨県の日射量が高いのは地形的要因に加えて冬季に晴天の日が多いためである．北海道帯広地域が高いのは日射の透過量が多いことに加えて梅雨がないことが挙げられる．一方，根室地域では霧が発生するため帯広に隣接した地域であるのに日射量は低くなる．どの地域で日射量が多いかは，その地域の天候や地形などによってくるのである．現在，日本の太陽光導入量は2371万 kW（2014年度末）であり，2030年までにはさらに4000万 kW の導入が見込まれている．これが達成されれば，2030年の太陽光の設備容量は日本で電源構成の2割近くなる．また，発電電力量は750億 kWh と7％を担うことになる．発電設備のシェアが2割なのに，電力供給量が7％にとどまるのは，太陽光発電の設備利用率が他の電源に比べて低いからである（2030年の数字は長期エネルギー需給見通し[i] の数字，以下同じ）．

　太陽光の利点は2つある．まず，日射量が多い地域では，どこでも，小規模でも設置できるので，分散型エネルギーとして活用可能である（口絵4右参照）．また，日中の高電力需要時間帯に発電されるので，風力に比べれば需要との整合性が高い．

　欠点は，エネルギー密度が低く，設備利用率，変換効率が低いことである．太陽光のエネルギー密度は $1\,\mathrm{kW/m^2}$ であり，これは，100ワット電球10個分である．したがって，原発一基分の出力を得るには，東京都の住宅全てに太陽光パネルを貼るだけの面積が必要となる．日中太陽の照っている時間のみ発電するので，設備利用率が12％と低い（日本における平均）．ちなみに，他の電源では，地熱，火力，原子力の設備利用率は70％以上が可能である．太陽エネルギーを電気に変換する効率は，電卓の電源にも用

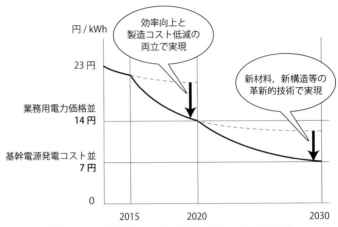

図 6.2　太陽光コスト低減シナリオ（非住宅用）
資料：NEDO（2014）「太陽光発電開発戦略」

いられているアモルファスシリコン系では12％程度であり，これを飛躍的に向上させることが大きなカギである．結晶シリコン系では，24.7％の変換効率が達成されている．また更なる効率向上のためには，太陽光のスペクトラムをもれなくカバーできるような化合物の開発と実装が必要であり，化合物系セルでは37.9％の変換効率が達成されている．さらに第三世代の太陽光セルでは，60％の効率も可能とされている．そうなると現在の5倍の効率，すなわち同じ日射量でも5倍のエネルギーが得られることになる．太陽光は，2030年代には火力並みに7円／kWhに発電コストを下げていくことが目標となる．このためには，技術開発とともに，量産効果によるシステム価格の低下を目指す必要がある（図6.2）．

一方，日本で一般にみられる太陽光パネルによる発電方法以外に，集光型太陽熱利用（CSP, concentrating solar paower）が注目されている．太陽光を反射板によって集め，その熱で溶融塩に蓄熱する方法であり，溶融塩などの熱媒蓄熱されたエネルギーを使って必要な時に発電するシステムである．太陽光を地上においた鏡でタワー上部の1点に集中させるタワー型，細長い放物線型の鏡でその焦点にエネルギーを集中させるトラフ型が

ある．エネルギー貯蔵が可能な CSP の形態は，太陽光の強い（直達日射量）地域（南欧や，砂漠地域）において急速に広がりつつある．このような場所では，PV（太陽電池）と CSP がどちらが有効かは，需要パターンによって決められるであろう．すなわち，日中の需要が多い地域においては PV が有利であり，夕方や夜間の需要もそれなりにある地域では CSP が有利になってくる．ただし，CSP は，曇りがちで直達光が弱い日本のような気候では，効率が落ちるといわれている．

6.1.3 風力

　風力は風速の3乗に出力が比例する．したがって，風況の良し悪しが採算性を大きく左右する．規模が大きければ，それだけ風を受けることができるので，より大型の可変ピッチ翼の風車が開発されている．風車の形ではプロペラ型の風車が最も変換効率が高いと言われており，理論変換効率は60％にもなる．他方，発電規模が大きくなると，高圧系統の送電線や広い土地，アクセス道路などが必要になる．このように効率の良い発電を行おうとすれば，立地制約が太陽光以上に厳しい．適地に設置すれば，効率的に大容量の出力を確保できるが場所が悪いと効率は大きく落ちることになる．

　一般的に言えば，一定方向から吹く安定風（卓越風と呼ぶ）が豊富である大陸の平原地域が強い風力エネルギーを得られる．山間部においては，風が乱流となって，うまく制御できないため，エネルギーへの変換が低くなる．

　つまり，風力発電には平原など遮蔽物がない広大な大地が必要である．ドイツやアメリカではこのような適地が多く，風力発電に適している．他方，山が急峻な日本では適地が少ない．日本では，2000年代に風力の導入が進んだが，近年は導入量が伸びておらず，すでに陸上では適地が少なくなりつつあることを示している．日本国内で採算性が高い残された適地は，送電制約のある東北・北海道北部地域に限られつつある．事業採算性が見込まれる風速6.5m/sを超える地域の45％が北海道，21％が東北地域と非

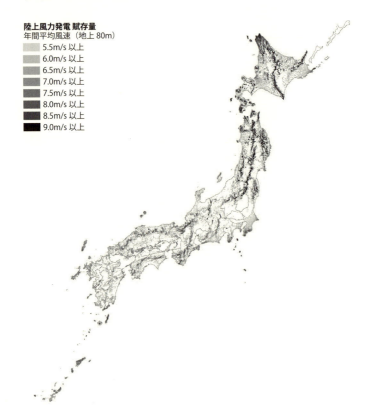

図 6.3　風力日本国内ポテンシャル
出典：資源エネルギー庁（2010）新エネルギー等導入促進基礎調査事業
（風力エネルギーの導入可能量に関する調査）

常に偏在している．そして，もともと大量の電力需要がなく，送電線容量が少なかったこの様な地域では高圧送電線の確保が問題となる．長距離の高圧送電線を風力事業者が単独で設置するのは困難であり，この送電線を特別目的会社によって設置する構想が進められている．現在の日本の風力の導入量は294万 kW（2014年度末）であるが，系統制約が解消されれば，2030年までに1000万 kW までの事業可能性がある．仮に2030年に1000万 kW の風力が導入されれば，2030年には風力は日本の電源構成の5％を占

めることになる．その場合，発電電力量は182億kWhと予想され，発電量全体の1.7%の電力を供給できる．年間設備利用率は，日本平均で約25%である．図6.3には，日本国内の風力ポテンシャルが記載してある．これは陸上部分のポテンシャルを示しているが，加えて海上は風も安定して風力には最適なエリアが多い．現在，陸上における風力適地が少なくなってきていることから，洋上風力に注目が集まっている．洋上風力には，発電設備を海底に固定する着床式，水深が深く着床式の設置が難しい場合に採用される浮体式がある．日本では，福島沖水深120mにおいて浮体式では世界で最も大型（7000kW級）風車の設置が進められている．また，小型で風を集めるタイプの風レンズを利用した小型の風力の海上設置の実証試験も進められている．海上風力はデンマークなどにおいて浅瀬における着床式のものは数多く設置されているが，浮体式のものは世界的にも実証事例が少なく，海上のうねりや強い風に対する耐性など今後の技術実証が待たれている．もし，これらの課題が解決できれば，海上において2030年までに100万kWの事業可能性があると見られている．

6.1.4 バイオマス

バイオマスは，利用するバイオマスの種類ごとに利点が異なるが，大規模な施設でバイオマス原料の供給体制ができているところでは設備利用率が高く，供給安定度も高い．他方，収集・運搬コストが一般には高い．日本では，バイオマス利用は，木質材料（林地残材，建設廃材），農産・畜産関連（農作物残さ，鶏糞，豚糞，牛糞），生ごみ（家庭ごみ，食品産業，農林水産業），下水汚泥などを原料としている．

図6.4は，日本のバイオマスの利用量と未利用量を示している．

まず，最も排出量が多い家畜排せつ物については，水分含有量によって利用法が大きく異なる．比較的水分が少ない鶏糞については，焼却による熱エネルギー利用が進められている．代表的な事例が，宮崎県の南国興産およびみやざきバイオマスリサイクル発電所である．前者は1900kW，後者は1.1万kWの発電能力を持つ畜産系のバイオマスのエネルギー利用施

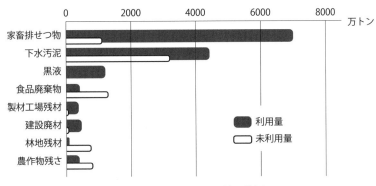

図6.4　バイオマス利用状況
出典：バイオマス活用推進会議（2015）「バイオマスの活用をめぐる状況」

設であり，畜産系では比較的大規模な施設である．より水分量の多い牛糞や豚糞については，たい肥化されている事例が多いが一部はメタン発酵に用いられ，発生したメタンガスが発電に用いられる．

　下水汚泥についても，多くは焼却処理されているが，メタン発酵でガスを利用したり，高温処理して焼却による熱利用などが増えている．

　食品廃棄物は，利用率が低いバイオマス資源であり，特に家庭から出る生ごみの利用率が最も低く5％程度である．家庭から出でる一般廃棄物は焼却処分されている場合が多いが，近年，生ごみを分別収集してメタン発酵処理する施設が増えている．外食産業から排出される生ごみは混合物が多いので利用率が20％以下と低いが，食品製造業における資源化率は90％を超えている．エネルギー利用としてはメタン発酵があり，大規模なものとしては霧島酒造のメタン発酵施設では800トン／日の焼酎かすから1900kWの発電を行うとともに，1800kL／年（石油換算）のエネルギーを発生させ所内エネルギーの13％を賄っている．

　バイオマスの電気利用を見てみると，2030年度の設備容量の見通しは600～700万kW（400～500億kWh）であり，電力量ベースでは，3～5％程度を占めると予測されている．このうち，木材や農作物残さによるものが大きく，次いで一般廃棄物発電によるものが大きくなっている．木材の

うち，林地残材によるものが24万 kW 程度，一般木材（製材）等によるものが300〜400万 kW，建設廃材によるものが37万 kW となっている．現在，全国で20カ所程度の木質バイオマス発電所が稼働しているが，バイオマス発電を対象とした FIT の導入もあり，さらに60カ所以上が計画されている．現在，間伐材を用いたバイオマス発電所の規模は3万 kW であり，将来24万 kW 程度に増えるとすると，これに用いられる木材は300万 m^3，この量は国産材需要2億 m^3の15％程度と試算される．しかし，すでに国内の未利用材は供給不足であり，10万 kW 程度までは国産材需要に大きな影響は与えないが，それ以上増加すると本来の木材用途に用いられるものまで，エネルギー利用に回るのではないかと危惧されている[ii]．本来，バイオマス利用は，木材の利用に伴う間伐材や端材の有効利用方法としてエネルギー利用を行うものである．しかしならがら，今日では建築や内装としての木材需要が減少しているため，バイオマス利用を促進しすぎると木材としての需給バランスを崩しかねないと危惧されている．

　国内バイオマスの不足を補うため，最近のバイオマス発電所では原料としてパームヤシガラ（PKS）等の海外のバイオマス資源を輸入して使う施設も増えている．バイオマス発電への利用を意図した木材チップの輸入も行われている．これは国内のバイオマス資源の限界，コスト高によるものだが，将来的な供給安定性や熱帯林の保全から見ると，批判も多い利用方法である．

　バイオマスは，太陽光や風力と異なり，電力利用以外にも熱利用もなされる．バイオマスの熱利用は，600万 kL 程度（石油換算）が見込まれている．もっとも，熱利用についてはその半分以上が製紙工場における黒液（パルプを製造する過程でできるリグニン［木質繊維を固めていた物質］を含む黒い液体）の利用によるものである．また，製材所での熱利用は従前から広範囲で進んでおり，製材を乾燥させるため多くの製材所で製材端材を原料として利用するボイラー設備が導入されている．

　このように，バイオマスの利用は，地域資源とそれを使う者の存在が重要であり，地域資源の利用可能量を正しく把握して，それをうまく利用す

るための検討が求められる．

6.1.5 地熱

地熱発電の利点は高い設備利用率と安定した発電である．設備利用率は70％以上と原発や火力と同等でベースロードとして期待できる電源である．また，日本には潜在的な賦存量が2000万kW以上あるとされる（現在の設備容量は52万kW）．日本は，インドネシア，アメリカと並んで世界の3大地熱資源国と言われる．日本の地熱適地は北海道，東北，九州に集中している．

他方，欠点としては，地熱貯留層の大きさに制約されるため大型の発電所が建設できないことや開発までの調査・準備期間が長いことがある．賦存量の大きさに比べて開発地点が極端に少ない理由は，開発における環境対策である．地熱発電の適地は，国立公園地域や温泉地域に重なる（図6.5）．国立公園においては，景観制約から開発が認められてこなかった．このため，1999年以降，地熱発電の開発は一件も行われていない．地熱発電の推進の観点から2012年，国立公園の建設規制が緩和され，地元自治体や温泉業者の同意を前提に開発を認める方針がだされた．しかし，温泉関係者には影響を心配する声も多く，実際，熊本県小国発電所は，温泉関係者の反対で開発計画が中止に至っている．地下深度の状況は，目に見えないので，賛成派も反対派も十分な証拠を提示してこなかった．地下深度の開発においては，二酸化炭素の地下貯留（CCS）でも高レベル放射性廃棄物の地下埋設処分でも，安全性が論争となる．しかし，この問題が解決しなければ，地熱発電の大量導入も困難である．

理論的には，地熱は地下の高温貯留層，温泉は地表近く

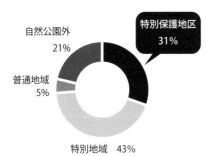

図6.5 地熱資源の賦存量と公園地域
出典：産業技術総合研究所（2011）

の温泉貯留層から熱水をくみ上げており両者は分断されているので，影響はないということになる．しかし，本当に両者が分断されているという調査分析が十分なされていないため，温泉関係者の不安が残ることになる．今後は，地下深度との関係の有無を同位体元素等を用いて調査する科学的な調査・研究が一層求められる．

また，従来の地熱発電は，150度以上の高温域を対象としているが，それ以下の温度でも発電できるバイナリー発電と呼ばれる新しい技術の開発も進められている．九州電力八丁原発電所で，未利用の熱水を利用したバイナリー発電が行われているほか，温泉地域での実験も行われている．また，地中貯留層がない地域でも，地上から水を注入して発電を行う高温岩体発電も将来の発電技術として検討されている．欧米では，実証試験も行われているが，技術的な完成度には到達しておらず実用化の時期はまだ未定である．

6.1.6 水力

水力は，水の力学的エネルギーを利用して羽を回転させて発電するものである．単位出力当たりのコストが安く，資源量も多く，安定した供給が可能なので，従来から再生可能電力の中では，最大シェアが水力である．ダム式，自流式，揚水などの種類があり，このうち揚水は，調整電源として用いられる．欠点としては，立地制約があり，建設費やリードタイムが長いことが挙げられる．現在の発電設備容量は4650万kWであり，発電電力量は847億kWhを占める．2030年までには，自然公園などとの調整が可能であれば，新たに300万kWの開発可能性があるとされている．

6.2 導入促進政策：FITとRPS

6.2.1 初期の導入政策

再生可能エネルギーの導入支援策は，4つのカテゴリーに分けられる．それは，①供給サイドの設備支援，②供給サイドの発電量増加促進，③発

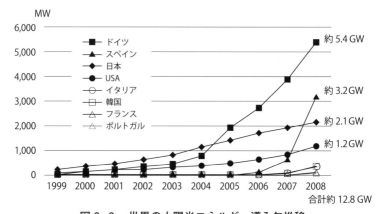

図6.6 世界の太陽光エネルギー導入年推移
出典：IEA（1992；2007）Trends in photovoltaic applications survey report

電量増加のための需要サイドの政策，④設備投資促進のための需要サイドの政策である．

　日本における初期の再生可能エネルギー政策は，上記の政策をうまく組み合わせてスタートアップ時期を加速させた成功事例として挙げられる．日本での導入の歴史を振り返りつつ，政策の分類を行ってみよう．

　日本では，再生可能エネルギーは，石油ショックの後にサンシャイン計画が策定され，もっぱら太陽光の利用技術が進んだ．図6.6は，世界の太陽光導入量の推移であるが，2004年までは，日本が最も導入量が多かった．この導入量の拡大は，技術開発におけるコストダウンと電力会社の余剰買取制度，補助金によって支えられた．1974年のサンシャイン計画においては，太陽，地熱，石炭ガス化，水素の4つのエネルギーに関する技術開発が始まった．こうした技術開発の過程で，太陽光発電は毎年50億円近くの予算が投入され，1980年には1 kWあたり500〜600万円であったPVモジュールが1990年には65万円に，2000年には30万円と20年で20分の1にまで低下するという成果が得られた．これらの支援は，①の供給設備に対する支援である．太陽光の市場としては，80年代には，まず電卓などの利用が進み，1980年代末までに太陽電池は年間1万kW規模，生産額100億

円規模に達している．1990年に入ると，再生可能エネルギーは系統電力としての利用が検討されるようになり，民間の取り組みとして電力会社は1992年には余剰購入メニューをはじめ，再生可能エネルギーの買取を始めた．また，同時に1995年までの導入目標を設定し電力会社の施設における率先購入を図った．1994年には太陽光発電モニター事業として個人宅における太陽光発電の補助制度がはじまった．このように，1990年代初期は市場創出が形成された．これらの支援は，③の需要サイドの支援である．まず，供給サイドの支援から始まり，その後需要サイドの支援として市場を創造するというステップが踏まれた．

1997年には新エネルギー促進法が制定され，新エネルギーの導入基本方針，新エネルギー導入の基本的考え方が政府として決定されるとともに，地方自治体の率先導入，事業者への補助金による支援が本格化した．この率先導入は③需要サイドの支援であり，補助金による設備投資の軽減は①の供給サイドの支援である．また，1990年には新エネルギーの導入目標を定め，長期的な目標設定がなされるようになった．これは，②の供給サイドの政策である．

6.2.2 RPS（導入量義務付け制度）とFIT（固定価格買取制度）

日本において，太陽光発電をはじめ，世界に先駆けて再生可能エネルギーの導入が進んだのは，このように市場拡大に合わせた官民の取り組みがあったからである．

そのように進められた導入促進を踏まえ，2001年に再生可能エネルギー（当時は新エネルギーと呼んでいた）の導入目標が改定された．2002年3月の地球温暖化対策推進大綱の決定を受け，より強力な再生可能エネルギーの導入手段が求められたため，2002年12月にRPS法が導入された．再生可能エネルギーの導入拡大政策には，FITとRPSがある．それぞれの方法には，特徴があり利点がある．FITはある一定の期間，固定価格での買い取りを行う制度であるので，事業化に向けての投資設計が容易であり，導入の初期段階において，導入を加速するためには適切な制度であ

る．反面，固定価格を保証するため価格の設定が重要な意味を持っており，高めの価格誘導を行うと導入量が過大になったり需要家の負担が増大したりする可能性がある．RPS 制度は，導入量の目標と導入義務を設定し，価格は自由競争で行うので，価格は低く抑えられる反面，事業化に向けてのリスクが発生する可能性がある．

日本では RPS 制度は，2002年に創設され，2010年までの新エネルギー等電気量（RPS 法では，大型水力と従来型地熱以外の再生可能エネルギーを新エネルギー等電気と呼んでいた）の導入目標量を定め，各電力会社に導入を義務付けた．このとき，導入目標量の設定をどのように行うかが問題となる．2003年の新エネルギー等電気量は40億 kWh，これを8年後の2010年に4倍の122億 kWh にする目標が設定された．この量は，国民負担のレベルと再生可能エネルギーの望ましい目標値のバランスで設定された．2010年の国民コスト負担が600億円と推計されたが，この場合，標準世帯の負担額が216円となる．これ以前の世論調査で負担の許容額の平均として200円/年という回答が得られていたので，この負担額は，国民の平均的な負担許容額とされた．

2013年の RPS 導入から2年で，風力の供給量は2倍に，太陽光の供給量は2.2倍に増え，6年間で年平均5％の設備の増加となった．

2012年には，再生可能エネルギーの更なる導入の加速化のために，FIT が導入された．固定価格制度における買い取り費用は，供給側の経費を積み上げて設定される．事業者のコストをもとに算定し，さらに制度当初の3年間は事業者の利益の確保に配慮する，という規定が設けられた．例えば，2012年の住宅用太陽光の価格は42円/kWh であるが，1999年に経済性試算がなされたときの推定コストは66円/kWh であった[iii]．推計方法が異なるので単純な比較はできないが，太陽光は13年で4割弱低下したという価格設定である（約3％/年）．その後，FIT の導入4年目の2016年の価格は31〜33円/kWh で2割近く価格設定を下げている（約6％/年）．同様に，風力は1999年の推定コストが10〜14円/kWh，FIT 導入時の価格が22円/kWh となっている．推計方法が異なるので，単純な比較はできない

《理論的解説》 RPS と FIT の比較

　RPS と FIT にはどのような便益の差が発生するのであろうか．RPS は目標という形で需要を決める制度であり，FIT はその名の通り価格を決める制度である．その結果，RPS においては，生産コストが下がった場合，余剰が電力会社を経由して消費者に還元され，FIT では事業者に還元され生産者余剰（生産者の利益）となる．よって，FIT においては，適正価格を超えて生産者余剰が発生するため導入のインセンティブが高まるといわれるわけである．この場合，政府が価格を高めに規制すると過剰な生産者余剰が発生する．これを簡単な図を用いてみてみよう．図6.7は，発電コストの下落が起きた場合にどのような利益の配分が行われるかを示している．ここで，限界費用曲線 MC が価格の低減によって MC' に変化したとしよう．その場合，RPS においては，価格が P から P' に変化する．これに伴い事業者の便益が PP'ZX の面積だけ，減少する．他方 FIT では，P が固定されているため，導入量が Q から Q' に変化する．この結果，事業者の便益は XYP* だけ増加する．他方，消費者のコストはそれだけ増加する．

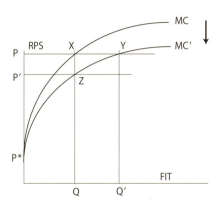

図6.7　RPS と FIT の便益比較
出典：Menanteau et al.（2003）[iv] を改変

が，FIT 導入時の価格設定が高すぎたといわれるのもわかる．他方，FIT の高い価格に誘導されて，2012年の導入から2014年まで年平均33％という高い率で設備容量の増加を達成している．

　FIT のように，政府が価格を保証することによって導入促進を図ることは，初期の段階においては有効であるが，政府がコストを正確に把握することは困難であるため，コストが下がっているにもかかわらず政府の価格変更がそれに追いつかないことが予想される．他方，RPS の場合には，

政府が目標値を正確に設定することが困難であり，これが市場をゆがめると指摘されている．すなわち，政府が市場を正確に把握することが困難な以上，どちらの制度でもすべての条件の適正化を達成することは難しい．

最近，ドイツにおいてもFITを維持しつつ，導入最大量に制限を設けたり，入札によってより安い事業者を選定したりしている．ドイツでは2012年に制度を見直し，太陽光の導入量に最大導入量を52GWとする制限を設けた．また，出力10MWの大規模太陽光施設を買取対象外とするとともに，2017年以降は入札制度とすることを決めた．これは，固定価格と導入目標の両方をコントロールできる方法と言える．

また，RPSでは風力の導入が伸び，FITでは太陽光が伸びているが，これは，両者の制度の特徴に起因することである．RPSでは，8年後の導入目標が定められるため，建設に長期の年数がかかる風力には適している．しかし，FITにおいては，当該年度の買取価格年度の買取価格しか示されないため，一年以内に設置が可能な太陽光には可能であるが，風況調査から建設まで2～3年を要する風力においては，将来の不確実性を見通せないというリスクが発生する．このため，FITにおいても複数年の買取価格を示すような制度改革が計画されている．

6.3　系統制約

再生可能エネルギーは，出力が天候などによって左右されるため，これをいかに安定化させるかが，大量導入に伴って重要な課題となる（図6.8）．太陽光や風力の供給と需要がバランスしない場合は，その過不足分の調整を他の電源に頼らないといけない．調整には，再生可能エネルギー電源の出力が落ちた場合（風がやんだ，太陽が雲で陰った）の調整（調整電源の出力を上げる能力，「上げしろ」という）と，逆に再生可能電源の出力が上がっている場合（風が強い，太陽が照っている）の調整（調整電源の出力を下げる能力，「下げしろ」という）がある．

このような系統制約によって2つの問題が発生している．第一の問題は，

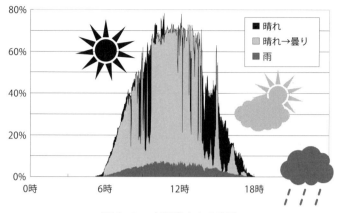

図6.8　太陽光出力の変動

主として風力の問題である．太陽光は，日中晴天時に出力が大きくなるため需要とマッチしており，出力と需要の比較においても，比較的整合性が高く供給力として期待できる．しかし，風力については，需要と供給はほとんどマッチしていない．風力は夜間や雨天時に出力が大きくなる場合が多いし，風の強い時間帯は需要時間帯とは無関係である．これをもって，風力については設備としての価値，すなわちkW価値がないといわれる．通常，発電設備が増えれば需要に対応して供給力が増える．しかし，風力においては需要に対して供給は全くランダムに発生するので，風力発電設備が増えても供給力として期待することができない．したがって，風力の設備容量が増えた分だけ，調整能力を確保しなければならないことになる．

第二の問題は主として太陽光の問題である．太陽光については，一定程度需要に見合った供給が期待でき，特に夏はエアコン需要が大きいため，電力需要は日照と比例する部分がある．しかし逆に，日中の正午に出力が急激に上昇するため，低需要時間帯には供給力が過大になることがある．また，2015年夏の電力需要において，最大電力需要時間帯は太陽光の発電低下する夕方（17〜18時）であり，夕方に急激に電力需給がひっ迫するという現象が生じている．すなわち太陽光の発電能力とエアコンの電力需要にタイムラグが発生している．

2000年代は，主として第一の問題が注目されたが，近年は，太陽光の急増によって，第二の問題が顕在化してきた．後述する九州電力の問題も，第二の問題に起因するものである．

再生可能エネルギー導入拡大に伴う出力変動を平準化させる方法として，一般に3つの方法が考えられる．第一は，系統において調整電源（水力，火力，揚水）を増やして変動を吸収する方法である．ただ，導入量が拡大すると，調整電源の容量が足りなくなる．このため，自社内の調整電源のみならず，地域間連系線を利用した再生可能エネルギー導入策が必要となる．風力の導入量が多い北海道，東北の調整電源として東京電力の火力を用いる方法であり，風力の発電量が高い時は東北電力から東京電力に電気を流し，一方，風力の発電量が落ち込んだ時は逆に東京電力から東北電力に電気を流す方法が行われている．日本において系統制約が大きな問題になるのは，電力会社間の連系線の容量が小さく，調整電源を相互に融通する容量が限られていることも一因である．特に九州，北海道など本州の系統と分離されている電力会社は連系線容量が小さいので問題が発生する．北海道と本州を結ぶ北本連系線は，連系可能量とされているのは60万kWである．追加的に接続を可能にするには，地域間連系線の増強で9000億円，地域内送電線増強で2700億円のインフラコストが必要とされる[v]．

ドイツを含む欧州は，国を超えた電力の融通を行っており，ドイツでは風力発電の電力が余った時は他の国に輸出し，風力の出力が低下して電力が足りないときは隣国から購入している．具体的には，スイス，北欧（北欧から）あるいはフランスから電力を購入している．ドイツの電力の輸出入の状況を見ると，年間で見ると輸出入がほぼ均衡しているが，時間的にみると輸出と輸入は時間帯によって異なっており，風力発電の発電量に対応している．

第二の方策は，再生可能エネルギーの電力を供給側または需要側で貯蔵して出力変動を調整する方法である．まず，再生可能エネルギー発電者側において出力調整を行うことが考えられる．例えば蓄電池で太陽光の変動を吸収する方法である．現在のリチウムイオン電池に加えて，ヒートプン

《解説》　九州電力の接続保留問題

　2014年9月24日，九州電力は突然，再生可能エネルギー発電設備に対する接続申し込みの回答保留を発表した．これによって，九州電力管内での再生可能エネルギーの導入協議は中断することになった．

　この背景として，2014年度の価格引き下げ前の太陽光の駆け込み申請が2013年度末に急増し，その受入可能性の検討のため個別協議を中断することが必要という説明がなされた．九州電力が問題視したのは，申請があった太陽光をすべて認めると，供給が需要を上回ってしまうこと，その場合，調整電源の下げしろ不足とローカル系統における送電線容量や電圧問題が発生することである．下げしろ不足，すなわち，低需要期において太陽光の発電量が上昇した場合，調整電源を最低出力にしたとしても供給が需要を上回ってしまう状況である．

　この状況で，九州電力は検討の結果，同年12月16日に再エネの接続可能量が917万kWになるとの計算結果を公表した．これは，最低需要日（5月連休中）の12時に想定される需要を788万kWとして，ベースロード電源と火力最低出力の合計の出力を607万kW，再エネの発電出力を622万kW（917万kWに出力比率をかけて算出）と想定している．この超過分は，火力の出力抑制を行い揚水動力と連系線の活用によって232万kWを調整したうえ，再エネ余剰分209万kWを出力抑制することでバランスをとれるとした（図6.9）

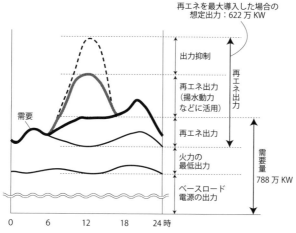

図6.9　九州電力の再生可能エネルギーの調整構造
出典：九州電力（2015）[vi] を改変

また，九州地域全体の導入限界とともに，よりローカルな特定地域における導入制約が発生していることも明らかになった．これは，ローカル系統における再エネ電源の接続によって，電圧変動が生じる問題である．容量の小さな送電線に多くの再生可能エネルギーが接続された場合などに電圧変動が発生する．そもそも，日本の電力系統は，発電所から消費地まで一方方向に電力を送ることを想定した送電，配電網になっており，送・配電線の末端に行くに従い，電圧が低くなるという前提がある．すなわち，送電，配電網の末端で消費者が発電し，それを系統に流すことは，電力システムで想定されていない．図 6.10 のように，電気を上流から下流に一方通行で流すため，変電所ごとに逆潮流防止装置が設置されている．そのため系統の末端で発電されても，電流が変電所を上流側に流れることができない．もし末端から，系統ラインに過度の電流が流れると，系統の電圧が上昇し，不安定化するという現象が発生する．このように，伝統的な日本の電力系統は，集中型の供給システムとなっている．分散型に対応したシステムにしていくためには，今後，変電所の改造工事など再生可能エネルギーの導入にあわせたシステムの変更が必要となってくる．

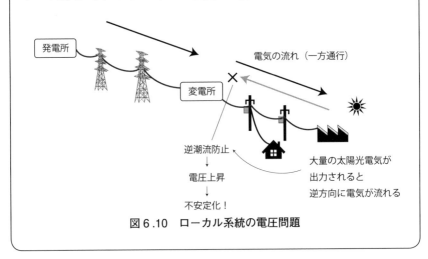

図 6.10　ローカル系統の電圧問題

プなどの暖房，給湯機能をもつ機器の運転を調整するなどの多様な方法もあり，アメリカなどではこのような調整が幅広く行われている．さらに，今後の電気自動車の普及やより多様なエネルギー供給システムの登場を考慮

に入れた場合，再生可能エネルギーをうまく組み込んでいくことも可能であろう．例えば，余剰太陽光電気を電気自動車に蓄電することが考えられる．

3つめの方策は，需要を超えて再生可能エネルギーの発電が行われる場合に出力を抑制することである．具体的には，再生可能エネルギーを系統から切り離す，すなわち，解列を行うことである．すでに日本においても解列条件付きの風力発電所が導入されている．しかし，解列は販売発電量の減少につながり採算性の悪化を招くことから，アメリカでは解列を巡って発電事業者と送電事業者の間で訴訟まで起きている．再生可能エネルギーの導入拡大に伴いこれらの対策のどれが経済的か，比較検討が必要であろう．

こうした対策に加えて，再生可能エネルギーの変動に需要をどう合わせていくかという考え方への転換が，大量導入時代では必要となってくる．発電量（供給量）が急激に下がってしまった場合に，特定の機器について使用をやめるよう消費者に要請，あるいは特定機器に対する強制遮断を行うデマンドレスポンスが有効になる．このためには，需要パターンをより詳細に分析し，最適なエネルギー供給手段を選択することが必要であるが，需要パターンに着目した分析は遅れている．このことが広く社会に認識されることが課題であり，それが，再生可能エネルギーの円滑な導入に必要となってくるであろう（デマンドレスポンスは，第8章参照）．

6.4 地域エネルギー

6.4.1 地域エネルギーの役割

再生可能エネルギーは，大規模な系統電力供給としての役割とともに，分散型エネルギーとしての側面をもつ．この切り口で見ると違った見方が可能となる．太陽光はどこでも建設できるエネルギーであり，小水力や地熱はローカルな分散型エネルギーとして活用できる．山梨県は，太陽の日射が長いことで知られる．エネルギーの地産地消を目標に掲げ，太陽光発電普及率日本一を目指しており，2050年までに県内で100％のエネルギーを賄うことを目指している．大分県は，地熱エネルギーなど地域のエネル

ギー自給率23％と全国一であり環境に優しいエネルギーによる地域活性化を進めている．神奈川県は，2030年までに県内の分散型電源の寄与率を45％にする目標を立てるとともに，こうした分散型電源の普及と合わせて，地域のエネルギーマネジメントを導入する試みも行われている．このように，地域においてエネルギー自給の動きが加速されているのは，再生可能エネルギーの分散性に起因するところが大きい．

6.4.2 地域エネルギーとしてのバイオマス

バイオマスエネルギーは，バイオマスという地域資源を活用したエネルギーであり，地域での活用という視点が大きいエネルギーである．現在，日本のバイオマス発電として最も割合が大きいのは，一般ごみ焼却施設の発電量であり，これは，家庭や小規模事業者のごみを処分する施設である．今後，地域のごみの分別などが進めば，焼却施設でのバイオマス利用から，メタン発酵施設による利用にシフトしていくと思われる．

木質系バイオマスについていえば，従来林地残材の利用率は非常に低かった．これは，山間地からの運搬コストが高いため，他のバイオマスに比べて利用コストが割高になるためであり，放置されている場合が多い．しかし，FITにおいては，林地残材が非常に高く価格設定をされているので林地残材の発電利用は大きく進んでいる．間伐材の利用には，地域の森林組合との供給約束など供給側の体制構築をさらに進めていく必要がある．一方，製材所では従来から，製材の乾燥という熱需要があり，熱としての製材端材の利用は進んでいる．例えば，岡山県真庭市にある，製材メーカーである銘建工業では，おがくずのバイオマス燃焼が行われている．銘建工業では，自社内での熱利用にとどまらず，おがくずからペレットやチップを製造し，それを市庁舎や温浴施設，ビニールハウスの熱源などに利用しており，町ぐるみでバイオマスに取り組んでいる．また，兵庫県宍粟市においては，木材供給拠点として（協）兵庫木材センターが設立され，森林生産者，素材生産者，建材商社，工務店などが一体となった木材生産，流通システムを構築している．こうした生産者と消費者が直接取引を行い

消費者ニーズに合致した生産を行うとともに，バイオマス利用においても樹皮，木くずなどの熱利用を行っている．

　日本のバイオマス先進地としては，木質の真庭市と並んで，生ごみの利用に取り組んできた福岡県大木町が著名である．しかし多くの地域ではバイオマスはコストが高く参入障壁が高いと見られてきた．生ごみは行政ベースでの取り組みが多いので経済効果としては計算しづらいものが多いが，大木町では他の方法（焼却など）と比べたコスト計算でメタン発酵利用の経済効果が高いことを示している．生ごみの分別を行いメタン発酵することで，焼却施設の建設や廃棄物の処分費などのコストが削減できるだけでなく，地域の分別回収を促進したり，メタン発酵によって生じる消化液を有機農業に利用するなど地域への副次的な効果が発生する．この場合，バイオマス利用のメリットは単にエネルギー回収のみならず，地域の活動の色々な場面で発生している．「バイオマスは小さな輪を作りそれを社会システムに育てる必要がある．バイオマスは町ぐるみでやらなければならない」（大木町境さん）といった指摘がでてくる．

　バイオマスは，生ごみ，木質，畜産など多様な原料とパターンがある．そのそれぞれについて，担う主体と事業の考え方が異なる．また，地域の資源をもとに発展させていくため，地域にどのようなバイオマス資源，人材リソースなどがあるのかをじっくり検討しなければならない．つまり，地域の資源と地域の人材にあった最適なバイオマス利用の在り方を考えなければならない．

6.5　再生可能エネルギーの未来

6.5.1　技術の未来

　再生可能エネルギーは，自然エネルギーを利用することから，どこでも利用可能であり，分散型のエネルギーとしても利用できる．しかし逆にいうと，単位面積当たりのエネルギー生産密度が低いということである．最も密度が低いのは，太陽光である．このためには，変換効率を上げるとと

140 第2部 エネルギー供給

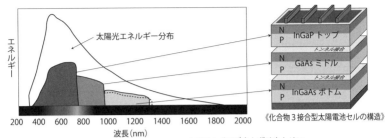

InGaP：インジウムガリウムリン
GaAs：ガリウムヒ素
InGaAs：インジウムガリウムヒ素
トンネル接合：金属のように電流が流れる半導体の接合

図6.11 太陽光のエネルギー波長帯
化合物3接合型太陽電池セル（シャープ）
出典：シャープ（2013）[vii]

もに，かつ低コスト製造・設置技術の開発が第一の課題である．太陽電池の変換効率を上げるには，太陽光スペクトラムの広い波長帯のエネルギーを余すことなくとらえられるように，数種類の化合物の組み合わせで，太陽光を利用したり（接合型），波長自体を変換する技術が必要である（図6.11）．他方，多数の化合物を利用すると化合物の単価が高くなってコストを引き上げる要因ともなる．化合物の面積を少なくして集光して太陽エネルギーをとらえるようにすると，今度は太陽光の強さがエネルギー効率に非常にきいてくる．したがって，今後の高効率太陽電池においては，立地場所による効率性の違いが顕著になる可能性がある．このように，再生可能エネルギーが，競争的な環境においてもエネルギー供給を担うためには，よりエネルギー密度の高い地点，変換効率の向上，コストの削減が求められる．

　再生可能エネルギーの導入量の拡大のもう1つの重要な課題は，有効な電力貯蔵の方法の開発である．現在，大規模な電力貯蔵と実用規模で用いられている技術には，揚水発電がある．その他の電力貯蔵の手段としては，蓄電池，フライホイール，圧縮空気，キャパシタ，超電導磁気貯蔵（SMES）などのオプションがあるが，いずれでも系統電力におけるよう

な大規模利用には至っていない．より大容量で効率的な蓄電池の開発は，再生可能エネルギーの拡大に重要な課題である．蓄電池の課題として充放電効率がある．蓄電池は充電，放電に際して，100％の電気を蓄え，また放出することはできず，ロスが発生する．さらに，充放電を繰り返すと劣化するため寿命が限られていること，加えて単位面積当たりの充電できるエネルギー密度が限界があるという課題がある．リチウムイオン電池は，現在，最も使用されている蓄電池であり，システムの充放電効率が90％と高いが，コストが10～15万円／kWhと高い．加えて，リチウムイオン電池には理論限界値があるため，リチウムイオン電池に代わるナトリウム電池，固体電池などの開発が進められている．系統側では，レドックスフロー電池（バナジウムなどの物質を流動させて，充電と放電を行う電池システム）の実証が進められており，さらに，将来的には他の化学媒体（たとえば水素）に転換した貯蔵についても研究が行われている．再生可能エネルギーの将来を担う技術の1つが蓄電池である．しかし，リチウムイオン電池以外のナトリウム電池，固体電池などについてはまだ研究開発段階であり，どの電池が将来有望かはわからない．

6.5.2　2030年までの再生可能エネルギー導入量

　再生可能エネルギーは今後，伸びていくエネルギーである．しかし，数々の問題もあることが明確になった．再生可能エネルギーの将来を，導入目標の検証を通じて考えよう．

　導入目標のうち，最も課題が多いのは風力であろう．風力の現在の導入量は，290万 kW であり，ここ何年かは導入量増加も足踏み状態が続いている．これは，風力の適地が少なくなっており，今後，導入するところには大規模な送電線や地域間連系線が必要であるためである．2012年の地域間連系線等の強化に関するマスタープラン研究会報告によれば，北海道と東北地域に600万 kW の追加導入を行うには，1.2兆円の連系線建設コストがかかると試算されている．このように2030年までの1000万 kW の導入は，コストの問題が立ちはだかる．

バイオマスの導入では，一般木材の発電量の大幅増加が見込まれている．しかし，一般木材の利用はすでに，チップ材や熱利用において利用がなされてきた分野であり，林地残材においても供給が不足する状況が指摘されている．この増加分はPKS（パームヤシガラ）や輸入チップの利用により供給されると想定されている．しかし，輸入バイオマスは当該国の環境問題を引き起こす可能性がある．こうした輸入バイオマスに依存した計画は十分な検証が必要である．

地熱と水力は国立公園や自然環境との調和が必要である．導入見込み計画においても，自然公園との調和が進んだ場合152万kWの水力増設，環境規制の緩和が行われた場合32万kWの地熱増設が見込まれているが，自然環境の規制が緩和される条件付きである．

最後に太陽光の見込みを検証してみよう．太陽光の設備容量は，新たに4000万kWの増設を見込んでいる．すでに設備認定を取得している施設だけでも4000万kW以上あるので，ポテンシャルは十分である．しかし，FITの買取費用として想定されているのは，全体で4兆円であり，太陽光では2.3兆円を占める．太陽光の発電電力量は再生可能エネルギー量の3割を占めるが，買取費用は57％を占めている．すなわち，買取費用の中で太陽光のコストが全体コストを引き上げている．2030年の買取費用は4兆円，一世帯当たりの賦課金は900円／月になると見込まれる．こうした高い負担は，産業界を中心に強い批判を招いている[viii]．このように，今後は風力においては送電線制約，バイオマスについては資源制約，地熱と水力は環境制約，太陽光はコスト制約という課題の解決が急がれる．

6.5.3　今後の再生可能エネルギー政策のありかた

再生可能エネルギーは，長期的視点に立って考えていく必要がある．RPS，FITの時代を踏まえ，FITにおける入札制度の導入などが進められるが，さらに次の時代の制度設計を考える必要性がある．再生可能エネルギー制度で先行する欧州においては，FIP制度（フィードインプレミアム）が提唱されている．これは，再生可能エネルギーを卸電力市場におい

て販売し，卸電力市場における価格に市場プレミアムを上乗せして，それによって再生可能エネルギー発電事業者がコストを回収できるようにする制度である[ix]．そもそも，価格や事業のコストを政府が正確に知ることはできないので，政府が価格を決定する場合は，どうしても市場をゆがめる可能性があり，長期的には，再生可能エネルギーについても競争市場で取引されることが望ましい．これによって，市場原理に従ってより効率的に導入を図ることができる．

　将来的には，再生可能エネルギーの価格も電力販売価格と同等な水準になって，自立することが望まれている．これをグリッドパリティという．グリッドパリティの状態になれば，再生可能エネルギーは電力卸市場での取引という他の電源と同じく競争市場での取引がなされるようになる．再生可能エネルギーというエネルギーが自立して，独り立ちする日は，日本ではいつになるであろうか．

　再生可能エネルギーのコストを押し上げているのは，割高な設備費であるが，もう1つのコストとして，再生可能エネルギーの立地の障害となっている制度的なコストがある．再生可能エネルギーの政策は，RPSとFITが注目されるが，この2つの政策があれば，再生可能エネルギーの導入が進むわけではない．導入促進のためには，系統制約の解消にむけた電力制度の改革，立地の制約を緩和するための土地利用規制など，多くの政策課題がある．ドイツの再生可能エネルギーが進んだ背景には，都市計画法上に再生可能エネルギー設備が法的に位置付けられているため，風力発電設備の建設が短期間で可能となるという制度の存在がある．このような土地利用上の制約も取り組んでいかねばならない．

　再生可能エネルギーの導入は日本の色々な既存の制度の改革を促すものである．今後，エネルギー供給政策の側面に加えて，電力構造政策，環境政策，都市政策，社会政策，農業政策，廃棄物利用における役割と位置づけも考えていく必要がある．

注

i 資源エネルギー庁（2015）「長期エネルギー需給見通し関連資料」総合資源エネルギー調査会長期エネルギー需給見通し第8回小委員会.

ii 渡部喜智（2012）「バイオマス発電の特性・特徴と課題」『農林金融』10月，653-668，農林中金総合研究所.

iii 総合エネルギー調査会（2001）新エネルギー部会報告書（2001年6月）.

iv Menanteau, P., Finon, D., Lamy, M. (2003) "Prices versus quantities: choosing policies for promoting the development of renewable energy," Energy Policy, 31, 799-812

v 総合資源エネルギー調査会（2012）電力システム改革専門委員会地域間連系線等の強化に関するマスタープラン研究会：中間報告.

vi 九州電力（2014）再生可能エネルギー接続可能量の算定結果について.

vii シャープ（2013）プレスリリース.
http://www.sharp.co.jp/corporate/news/130424-a.html

viii 日本商工会議所（2015）「再生可能エネルギー固定価格買取制度における平成27年度新規参入者向け調達価格等の改正に対する意見」.
http://www.jcci.or.jp/h27tyoutatsukakaku.pdf

ix 環境省（2014）再生可能エネルギーの大量導入に向けた課題と対応方策.
https://www.env.go.jp/earth/report/h27-01/H26_RE_3.pdf

問題

1．RPS，FITのメリットとデメリットを上げて，将来の望ましい制度について考えよう．

2．再生可能エネルギーのコストが電力販売価格と同等になるため（グリッドパリティ）には，どのようなことが必要か．

参考文献

近藤加代子・大熊修・美濃輪智明・堀史郎 編（2013）『地域力で生かすバイオマス』海鳥社.

総合エネルギー調査会（2015）長期エネルギー需給見通し第8回小委員会資料4．
平田哲夫（2011）『エネルギー工学』森北出版．
堀史郎（2004）「新エネルギー導入における市場創造政策とわが国RPS制度の役割」『環境情報科学』33-3．
NEDO（2013）「再生可能エネルギー技術白書」．

第7章
エネルギーのベストミックス

　第1章において，エネルギー選択を考える際，重要となる4つの視点について述べた．第2章においては，過去のエネルギー技術の変遷と他の国々のエネルギー選択を見てきた．第4章から第6章までは，エネルギー源別の特徴を述べてきた．これを踏まえ，この章では今後のエネルギーの最適な組み合わせを考えていこう．これを考える際に重要なのは，いつの時点の組み合わせを考えるかである．2030年と2050年と2100年では，エネルギーの組み合わせはかなり違った様相を呈しているだろう．

　エネルギーの変化は少しずつ生じている．そのスピードは，技術の発展，インフラの発展と政策的な制度による．これによって，将来のエネルギーのコストも変化し，エネルギーを見る社会の目も変わっていく．最適なエネルギーとは何であろうか．使い勝手が良く，効率も良くてコストも安い，環境の害は出さなくて安全，というものがあればベストであろう．しかしすべての条件を満たすエネルギーはない．すべての条件を一種類のエネルギーで満たすことはできないから，いくつかのエネルギーの組み合わせで考えることが必要である．

　将来のエネルギーの姿を，まず，コストという指標を通じて考えよう．

7.1 電源別コスト

　最も議論が多いエネルギー選択は，電源の組み合わせである．電源の組合せを考える場合，それぞれの電源のコストを明らかにして，最適な電源の組み合わせは市場に任せるべき，との意見がある．市場に任せる，すな

わち，価格メカニズムにゆだねるべきとの考え方である．価格メカニズムに任せる場合に留意すべき点は，社会的費用である．社会的費用とは，その財の生産コストには含まれないものの，社会的に求められる可能性のあるコストを考慮することである．このようなコストが考慮されない場合，安い石炭火力が増加したり，安全性を無視した発電設備が増えたりする．第4章では，化石燃料の気候変動対策のコストや燃料費の上昇がありうることを紹介した．第5章では，原子力のコストにおいて，事故確率や被害補償を含めたコストを考えるべきであることを紹介した．第6章では，再エネの将来の発電コストは電気の販売価格にイコールになるまで低減すること（グリッドパリティ）が期待されるが，系統対策コストなどによりコストが上昇する可能性もあることを紹介した．

エネルギーは，家庭生活や産業活動に不可欠なものであるから，できるだけ経済効率を高めてコスト効果的なエネルギー供給を図らなければならない．他方，電源開発には長期間を要することから，現在の電源設備を短期間の間に代えることはできない．また，将来の電源開発スケジュールから建設・運営コストを想定してコストの推計をする必要がある．すなわち，将来のどの時点の姿を評価するかで結果は大きく異なってくる．

電源別コスト計算は政府や多くの研究者により取り組まれている．最新の電源別コスト試算は，総合資源エネルギー調査会発電コスト検証ワーキンググループにより行われた（図7.1）．ここでは，上記の社会的コストを含んだ将来コストの試算が行われている．

この試算によれば，安全対策費，燃料費や炭素価格の上昇を推計したとしても当面，原子力，石炭火力，水力の価格優位性は変わらない．そして，風力や太陽光は，今後の設備コストの低減などによって，2030年には価格競争力を持つ可能性がある．しかしながら，再生可能エネルギーに必要な系統安定化対策費は含まれていないので，今後の立地場所やスピードによっては追加的コストが必要になる可能性がある．

こうした推計は，不確実性（リスク）を伴うものであるので，そのリスクの幅を認識しておかねばならない．九州大学と東京海上リスクコンサル

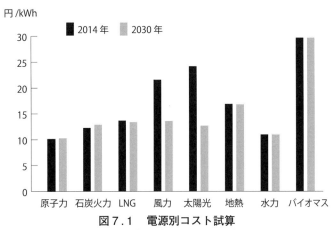

図7.1　電源別コスト試算
出典：総合エネルギー調査会（2015）発電コスト検証ワーキンググループ
注：政策経費含む試算，原発は下限コスト試算，太陽光はメガソーラー，風力は陸上風力，バイオマスは専焼の場合．

ティングの共同研究によれば[i]，石炭火力においては燃料費が100\$/t上昇するごとに2.7円のコスト上昇になり，炭素費用が100\$/CO_2t上昇するごとに7.5円のコスト上昇になる．同じく，原子力発電所では1000年に一回の事故によって10兆円の災害対策費用がかかるとすると1円のコスト上昇要因となり，全発電所の追加安全対策を1000億円投資することによって0.6円のコスト上昇となる．再生可能エネルギーについては，太陽光発電でリチウムイオン電池が標準装備される条件になれば，リチウムイオン電池の値段が5万円/kWなら9.8円のコスト上昇要因，10万円なら13.1円の上昇要因となる．このように，エネルギーの最適組み合わせは，世界情勢や国際的な合意，技術開発の見通しなどによっても大きく影響される．

　コスト上昇の可能性に対して，経済との関係ではどこまで許容されるか，ということも重要である．ドイツでは，再生可能エネルギー賦課金や脱原発に伴う代替電源コスト，電力自由化に伴う託送料金が増大している．例えば，再生可能エネルギー賦課金に支払われる金額は3兆円に達している．このため，産業競争力の維持の観点から，製造業に対する炭素税の減税，

再生可能エネルギー賦課金の上限設定，託送料金の免除などが講じられている．国民はどの程度のエネルギー価格の上昇を受け入れるのであろうか．資源エネルギー庁が4万人を対象に行った調査結果によれば，負担許容額の回答の平均は300円/月となっている．許容額の絶対値は，社会情勢の変化とともに変わるものであり（2002年に，政府が調査した時の許容額は200円/年であった！）値にあまり重要性はない．重要なことは，人々の生活環境や収入などによって許容額が大きく異なっていることである．生活の出費が多い30代は負担許容額が低いし，高齢者や学生は負担額が高くても許容できるといっている．

経済的負担のレベルは，個人の属性や階層によって異なる．価格が高くなっても需要を減らせない場合は，負担が増えるだけとなる．これは，低所得者にとって影響が顕著であることが知られている．今後，政策誘導によって，エネルギーの組合せや価格を設定する場合，政府の介入は市場をゆがめるので，そのゆがみを補正するきめの細かい政策を併せて考えなければならない．そうした政策によって，社会的に受容されるエネルギーの最適組合せが達成できるであろう．

7.2 将来の社会

将来のエネルギー選択において，あるべき社会というイメージを考えよう．社会のイメージは人々によって異なる．前節で述べたような客観的な分析を行うとともに，どのような選択が社会に受け入れられるか，すなわち，社会的受容性について考える必要がある．社会的受容性の観点から，重要な要因の1つは原発の位置づけである．原発についてのNHKが行った世論調査がある．その2013年と2011年の結果を比較してみると以下のようになる（カッコ内が2011年6月の結果である）．原発について，増やすべきだ，に賛成の人が2％（3％），現状維持25％（24％），減らすべき40％（45％），廃止28％（21％）となっている．2013年の結果からは，原発について，減らすか廃止すべきだという意見が多い［7割］，が他方で，

電気料金が上がるなら原発は減らすべきではない，という意見にも賛成である［52%］．さらに原発は社会や人々の生活に役立っている，とも考える［そう思うが80%］，という矛盾した認識が広まっている．最も割合が多いのは，減らすべきである［40%］であり，（即時）廃止を支持する割合［28%］より高い．これは，原発は減らした方がいいが，すぐには原発の停止は難しいと考える人が多いためと推測できる．その理由は，原発の停止を補うほど他の電源が信頼性に足りない，また，原発の即時停止はコストがかかる（第5章原子力の経済性を参照）と考えているだろう．ドイツが2022年まで原発を使い続けることを決めた理由もここにある．長期的には低減すべきということは，今後，再生可能エネルギーのコスト低減や環境整備が整って，導入量が増えるだろうという想定を人々が持っているものと思われる．エネルギー選択はその地域，国が有する資源，技術，インフラ，制度，経済，自然環境等によって大きく異なってくる．日本の技術と再エネの資源賦存状況を踏まえたうえで，選択肢を考えなければならない．

　将来のエネルギー選択は，時間とともに変化する．長期的には，どのようなエネルギーの変化が生じるのであろうか．

　2030年の世界は，今から10年と少し後である．このスパンだと，エネルギーインフラの寿命が長いので，大きな変化は起こりにくいであろう．特に大規模なインフラ整備が必要なエネルギー（石油のガス転換，電気自動車・燃料電池車など）は，このスパンだと難しいだろう．発電方法や消費方法の技術改善によって，もっと効率的なエネルギー使用が可能となっているかもしれない．特に火力発電や次世代自動車の効率化に期待できる．

　2050年の世界はどうであろうか．今から約30年後である．これぐらいのスパンになれば，インフラ整備の必要なものであっても，導入できそうである．革新的技術開発も起こっているかもしれない．先進国の首脳は，2050年までに温室効果ガスの排出削減を2010年比で40%から70%の幅の上方の削減とすることを宣言している（2015年エルマウ・サミット首脳宣言）．トヨタ自動車は，「環境チャレンジ2050」の中で，2050年のCO_2排

出量を2010年比9割削減し，ガソリンエンジンで走る車をゼロにすると発表した[ii]．これが現実となれば，1886年の発明以来続いた内燃機関による輸送が終焉する日となるかもしれない．こうした，社会の大きな変革が必要となってくる．これからの社会の変革については，第10章で再び考察しよう．ただ，内燃機関がなくなる場合，それを代替するのが電気自動車なのか，燃料電池自動車なのかは，いまだ不明である．水素をどう供給するのか，現在の原発が40年を過ぎてリタイアした後のエネルギーは，など，安定的なエネルギー供給の道筋は，不透明である．

2100年の世界はどうであろうか．今から80年以上の時間がある．近い将来実用化できないとみられている核融合なども実用になっている可能性もある．そうすると核分裂エネルギーを利用した今の原発は必要ないかもしれない．

エネルギーのベストミックスは変化する．しかし，ゆっくりと．

7.3　多様性

仮に，現在のコストで見て安いエネルギー源を利用したとしても，そのエネルギー源の供給が不安定であれば，緊急時に備えて他の代替エネルギー源を用意しておかねばならない．そのエネルギーが環境に悪ければ，負荷を与えない程度に抑制しなければならない．そのエネルギーが安全性のリスクを抱えているのであれば，過度に依存することは抑制しなければならない．そのように，エネルギーは，相互に補完し合いながら，最適解を見つけていく．

生物多様性という言葉がある．「生物は，一つひとつに個性があり，全て直接に，間接的に支えあって生きている」（環境省）[iii]．どれかの生物が欠ける（いなくなる）ことは，他のすべての生物の生存に影響を及ぼしてくる．単一品種の作物だけ栽培する農地では環境の変化や外敵の侵入に対して弱いといわれる[iv]．持続可能なエネルギー安全保障のためのG7ハンブルク・イニシアティブは「多様化は，エネルギー安全保障の中核的要素

である．…これにより短，中，長期的に，供給途絶に対するエネルギーシステムの強靱性が改善する」と述べている[v]．エネルギー源の多様化というのも，環境変化や災害に強いレジリアントなエネルギー構造を作るために必要な支え合いである．

注

[i] 九州大学（2011）「今後のエネルギーベストミックへ向けた課題と展望」．
[ii] トヨタ自動車（2015）「トヨタ環境チャレンジ2050」．
　　http://www.toyota.co.jp/jpn/sustainability/features/environment/
[iii] 環境省「生物多様性とは」．
　　http://www.biodic.go.jp/biodiversity/about/about.html
[iv] 生物多様性政策研究会（2002）『生物多様性キーワードハンドブック』中央法規．
[v] G7ハンブルク・イニシアティブ（2015）
　　www.mofa.go.jp/mofaj/files/000083381.pdf

第3部
エネルギー需要

第8章
エネルギー需要と省エネ

　第二次世界大戦後，日本のエネルギー需要は，経済発展とともに伸びてきた．戦後日本において，最初にエネルギーの供給途絶に直面したのは，1973年の石油ショックであった．中東からの石油の供給が中断され石油価格が高騰したため，日本経済の成長はマイナスになった．しかし，一方で，エネルギー価格の上昇は産業界のエネルギー使用抑制を加速させた．1979年には第2次石油ショックが起こり，エネルギーの使用の合理化等に関する法律（省エネ法）が制定された．以来，日本全体で省エネの取り組みが進んだ．企業は省エネ計画の策定やエネルギー管理の社内体制，製品のトップランナー方式（同種の製品の中から最高の省エネ性能を持つ製品のレベルを超える性能を目標とする制度）に基づく努力など省エネに向けての取り組みを実施した．この結果，1980年から2010年までの30年間で日本のGDPは約2倍になったにもかかわらず，産業部門のエネルギー消費量はほとんど横ばいの状況である．それに対して，急激にエネルギー消費が伸びたのは，家庭や業務，運輸の部門である．家庭電化製品の普及や，自動車・トラックの台数増加などに伴って，エネルギー消費量が増えた．業務部門では，床面積増加やIT機器の大量導入に伴うビルのエネルギー需要の伸びが顕著である．

　本章は，こうした日本のエネルギー需要構造の変化を解説する．まず，家庭のエネルギー消費と省エネについて考える．次いで，産業と業務部門のエネルギーの消費と省エネについて考える．そののち，エネルギー需要についての2つの課題について考えよう．第一に，東日本大震災とそれに続く節電の努力である．この出来事は，従来の省エネ政策を大きく変える

ものであった．第二に，今後の省エネの可能性について述べる．現在，気候変動問題の高まりに対応して，省エネがコストパフォーマンスの良いエネルギー節減対策として注目を集めている．しかし，省エネは，地球環境問題の救世主となり得るのであろうか．

各論の解説を踏まえ，エネルギー需要の課題と今後の省エネの可能性について考えてみよう．

8.1 家庭のエネルギー消費

今後のエネルギー消費を考えるうえで大きな課題がある分野の1つは，家庭のエネルギー消費である．家庭の消費は年々増加しており，かつ，家庭は個人の消費者であるので，法規制の実効性が担保できず強制的な省エネ手段がとりにくい．

家庭のエネルギー消費構造は，暖房が23％，給湯が28％，厨房が9％，動力・照明が38％，冷房が3％（2013年度）となっているが，近年一貫して増えている（ただし2000年以降は，家電の省エネ性能の向上により伸びが鈍化している）．1965年に175億ジュールであった一世帯当たりのエネルギー使用は，2013年には，360億ジュールに増加した．この理由として，世帯数は増加する一方で，核家族化の進展によって，また，晩婚化等による単身世帯の増加によって，世帯当たりの人数の減少が進みエネルギー効率が悪くなったのが一因である．なぜ，世帯人数の減少がエネルギー消費を増やすのか．これは，効率を考えればわかる．一人世帯が，二人世帯になっても，エネルギー消費が2倍になるわけではない．すなわち，一世帯あたりの人数が多いほどエネルギー効率がいい．

もう1つの理由として，家庭電化製品の普及によって，電力使用量が増加していることがある．家庭のエネルギー消費内訳をみると，動力・照明の割合が1965年の19％から2013年に38％に増加している．動力・照明の増加は，家電製品の増加によってもたらされており，他の用途のシェアは落ちている．図8.1は，家電製品の普及状況を示している．1970年代から

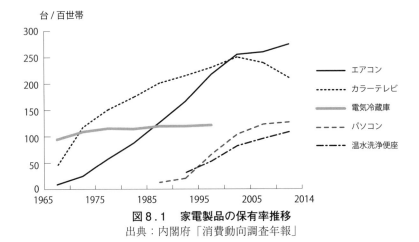

図8.1　家電製品の保有率推移
出典：内閣府「消費動向調査年報」

　エアコンが，1990年代後半から温水洗浄便座やパソコンが急激に普及しているのがわかる．また，洗濯機，冷蔵庫，テレビといった家電の台数は増えていないが大型化している．これらの機器では，省エネ性能は良くなっているが，機器の大型化によってその省エネのメリットが打ち消され，エネルギー消費はむしろ増えている．

　さて，家庭の省エネを進めるにはどのような手段があるだろうか．家庭での省エネといえば，こまめに電気を消す，暖房温度を下げ，冷房温度を上げる，といった方法が提唱されている．

　そもそも，省エネには，①エネルギーの効率化（サービスを低下しないでエネルギー消費を減らす），②エネルギー節減（技術開発や燃料転換でエネルギー使用量を減らす），③エネルギーの節約（エネルギーを減らす行動をとる），という3種類の行動がある（IEA, 2012）[i]．上記の省エネの方法は，この③に該当する．しかし，この方法は，手間を要する行動であり，その永続性が不確かな行動である．もちろん，照明，テレビの時間は短くすることができるであろう．しかし，エアコンを我慢することができるだろうか．高齢者，乳児といった弱者にとって，これは命にかかわることかもしれない．手間のかかる節電によっては，確実な省エネがなされるか，不確実性がある．

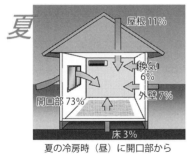
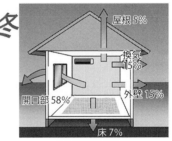

夏の冷房時（昼）に開口部から
熱が入る割合
73%

冬の暖房時の熱が
開口部から流出する割合
58%

図8.2　住宅の熱の放散
出典：社団法人日本建材・住宅設備産業協会（2011年12月省エネルギー部会）

　家庭に，電気使用量のモニターを設置して，人々が毎日のエネルギー量をチェックしているか調べた実験では，最初の3〜4カ月はよくモニターをチェックしている人も，それを過ぎると一日2〜3回しか見なくなる．しかもそれは，省エネとは関係ない情報を見ているようになる．

　人々の行動に影響されない，設備投資の面でどこまで省エネが可能かは1つのカギである．したがって，本来，省エネ効果を出すためには①か②に頼ることが確実である．①のエネルギー効率化には，例えば，暖房効率の向上のための建物の断熱化がある．一般に，アルミサッシの窓からは，部屋の暖房エネルギーの10%近くが，無駄に外に流れていると言われる．したがって，窓の断熱化は，非常に効果が大きい．最新の断熱住宅のエネルギー使用量は従来型に比べて3割以上少ないと言われる．熱の出入りが大きい開口部や壁等に，高性能の窓や断熱材を導入することで，住宅におけるエネルギー消費量の約4分の1を占める冷暖房のエネルギー消費効率を改善することが可能となる（図8.2）．

　②については，高効率機器の導入などがある．エアコンのCOP（投入したエネルギーに対する冷房，暖房の能力を表す，値が高いほど効率がいいことを示す）向上，給湯エネルギー削減，熱効率向上，食洗機導入，照明取り換えなどの対策により住宅のエネルギー消費の削減が可能となる．

8.2 産業のエネルギー消費

産業部門のエネルギー消費は，日本のエネルギー消費全体の43％を占めている．また，産業別のエネルギー消費構造は，素材系産業で70％，そのうち，鉄鋼，化学で61％を占めており，これらはエネルギー多消費産業と呼ばれる（図8.3）．

日本の産業分野は，省エネの優等生である．産業分野においては，1973年の石油ショックから1990年まで3割のエネルギー効率の改善を見ている．しかし，1990年以降は，産業分野の省エネはスローダウンしている．1990年以降のエネルギー効率は，20年で1割程度しか改善していない．この間，省エネ法が強化されて，むしろ産業分野での規制は強化されてきた．それにもかかわらず効率改善はそれほど進まなかった．産業分野での省エネは，1973年以降の改善で対策がついたことを示すのであろうか．

この問題を分析する前に，エネルギー多消費産業における，1973年以前の省エネの状況を見てみよう．実は1973年以前も省エネは進んでいた．その傾向は1973年の石油ショックに伴うエネルギー価格高騰によって，加速された．この傾向は，鉄鋼業で顕著にみられる．

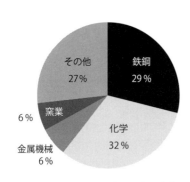

図8.3 産業のエネルギー消費（2014年）
出典：日本エネルギー経済研究所（2016）「エネルギー・経済統計要覧」

鉄鋼業は，設備の面でも，管理活動の面でも省エネに非常に力を入れてきた．これは，鉄鋼において，エネルギーコストが変動コストの3分の1を占めるなど，経営に大きな影響を及ぼしていることが一因である．したがって，エネルギー多消費産業においては，省エネは経営問題として取り組まれてきた（あるいは，生産性の向上のための設備や活動が省エネにつながった）．日本では，省エネは石油ショック以降に進展したと

《解説》 鉄鋼業の省エネの事例

鉄鋼業を事例にどのように省エネが進んだかみてみよう．なおこのコラムの記述は，加治木（2010）を参考にしている．加治木の整理は，省エネ分野における歴史を定量的に解説したものであり，この分野では，最もまとまった書籍である．

第二次大戦後における日本の鉄鋼業界のエネルギー効率は，今からは考えられないが，アメリカに比べて非常に悪かった．また，生産性も同国に比べると著しく劣っていた．そのため，鉄鋼業界はアメリカに調査団を派遣して，先進技術を導入するとともに，日本生産性本部を設立し，生産性の向上に進めた．そうした動きを踏まえて導入されたのが，純酸素上吹転炉（LD転炉），連続鋳造（CC法），転炉ガス回収（OG法）といった設備である．このうち，LD転炉は，高圧の酸素を上部から吹き込む製鋼技術，CC法は，いったん型にはめて冷やした鉄を再度温めて圧延していた従来の工程を，直接溶鋼から半製品にして圧延する技術，OG法は転炉の排ガスを燃焼せずに回収する技術であり，いずれも，生産性の向上や環境対策を目的とした技術導入であった（図8.4）．また，こうした技術導入とともに，品質改善運動（いわゆるQCサークル）を含んだ自主的な管理活動によってコストの削減や無駄の見直しが行われた．こうした管理活動は，経営管理の一環として行われ，企業として全社的な取組みが行われた．実は，こうした活動による改善も省エネに大いに貢献している．設備投資による省エネ効果と，管理活動による省エネ効果は，同じくらいの省エネをもたらしている[ii]．

こうした設備投資と管理活動によって，1960年～1973年まで，高いエネ

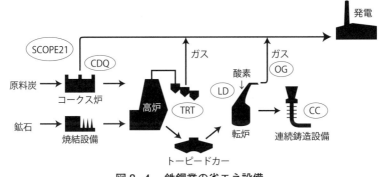

図8.4　鉄鋼業の省エネ設備
出典：鉄鋼連盟（2014）を改変

ルギー効率改善が図られた．すなわち，日本においては，石油ショック以前においても，エネルギー効率の向上は進んでいた．

そして，石油ショックのあと，燃料費の高騰から，鉄鋼のようなエネルギー多消費産業は，一層の省エネを迫られた．この段階で有効に貢献したのが，コークス乾式消火設備（CDQ），高炉頂圧発電（TRT）である．CDQは，コークスを作る際に水で冷やしていたプロセスを改善し，窒素ガスで冷却することによって，そのガスを利用して発電するというシステムであり，TRTは，転炉の排ガスの圧力で発電を行うシステムである．特にCDQは，生産性の面でも，省エネの面でも注目されており，1970年以前から技術が知られていたが，コストの面で導入されてこなかった．石油ショックの結果，エネルギー価格が上昇したので，導入が可能になった．また，TRTの導入も電気料金の上昇によって自家発電の需要が高まったことによる．すなわち，エネルギー価格が上昇すると省エネ設備の導入にさらにインセンティブが働くことを示している．鉄鋼業界は，省エネ投資に，1973年〜1990年には3兆円，1990〜2012年までには1.8兆円の投資をした．その内容を見ると，前者の時代はプロセス革新による生産エネルギーの削減が中心であったが，次第にエネルギー回収の方に重点が移ってきていることがわかる．

それでは，今後の産業部門の省エネは更なる進展が可能であろうか．鉄鋼業の省エネ設備は，さらに進んでいる．2008年からは，次世代コークス製造技術（SCOPE21）が導入されている．SCOPE21はコークス製造過程で，従来より急速に冷却させることで，製造時間の短縮，エネルギー使用量の削減，公害物質削減をもたらす技術であり，2008年から導入が始まった．さらに，環境調和型製鉄プロセス（COURSE50）などの研究も行われている．これは，現在一酸化炭素（CO）を用いて鉄鉱石の還元をしているプロセスで，水素を多量に含むコークス炉ガスを一部用いて還元を行う方法である．こうした技術は還元反応を5倍も速く行うことができ，CO_2の削減に寄与するもので，2050年ころの商用化を目指して開発が進められている．

いうのが通説である．しかし，エネルギー多消費産業においては，石油ショックの前から，生産性向上の一環として，省エネに取り組んできた．

他方，エネルギー多消費産業以外では，石油ショックまでは省エネのインセンティブはそれほど高くなかった．こうした産業においては，省エネ

に関する情報も乏しく，技術の普及も進んでいなかった．したがって，こうした産業において省エネ法は大きな効果をもたらした[iii]．省エネ法は，省エネを進める大きな政策の柱であり，工場，事業場のエネルギー管理体制の整備を求めた．また，具体的な省エネの設備や方法を進めるための，工場，事業所の省エネ診断が有効に機能した．この診断によって，エネルギー多消費産業以外の工場，事業所でも，自分のエネルギー使用量の内訳と省エネをどのように取り組んだらよいかという方法を知ることができた．当初は，省エネ診断は，国や自治体が無料で行っていたが，次第に有料化され，いまでは，省エネ診断は，企業ベースの事業として実施されている．例えば，コニカミノルタ社は，グループ企業内での省エネ診断はもとより他社企業のエネルギー診断を行い，営業として活用している．エネルギー診断事業では膨大なデータの蓄積を行い，それを基に改善提案が行われる．このように，省エネは企業活動の一環としての取り組みがなされるようになってきている．

また，近年，単体での省エネは限界にきている事業所も多いことから，工場同士で廃熱の融通などを行い，地域全体として省エネを行う仕組みにも注目が集まっている．これをピンチエネルギーという．このように，最近では，エネルギーの面的利用という概念が注目されている．

8.3 業務・運輸部門のエネルギー消費

8.3.1 業務部門

日本の業務用のエネルギー消費は，近年，大きく伸びてきている．1973年と2012年を比較すれば，2.7倍の伸びである．業務用エネルギーの増加は，ビルの床面積の増加（40年間で4倍）とビル内の業務用機器の増加が原因である．ビルの床面積は，経済の発展やサービス産業のシェアの拡大とともに，拡大している．ビル内の業務用機器は，パソコン，ファクシミリ，コピー機やプリンタなどのオフィスへの大量導入によって増加してきた．床面積当たりのエネルギー消費もこれによって倍になっている．

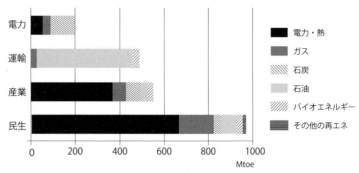

図8.5 セクター別省エネポテンシャル
出典：IEA（2012）

ビルのエネルギー消費の内訳は，熱源が31%，熱搬送が12%，照明・コンセントが42%などである（2011年度）．このうち，照明がエネルギー消費の3割程度である．

世界の民生部門の省エネは，大きなポテンシャルを持っており，IEAの予測によれば，省エネポテンシャルは41%を占め，セクター別で最も大きい（図8.5）．これは，建築物などの断熱効果が高いことなどによる．建築物はいったん建設されてしまうと，改修は経済的に非常に高くつくので，ビルなどの建築物の省エネ設備は新築時に導入しておくことが必要となる．このため，日本でも新築建築物に対する省エネ基準の義務化が2017年4月より2000m^{2}以上のビルを対象として始まり，2020年までにすべてのビルを対象とする予定になっている．建築物からの熱損失が高い断熱材やサッシ類についてはトップランナー方式を採用することも決まっている．

業務部門でも，設備への投資とともに，こまめな活動で省エネを実現している事例も多い．その場合，それぞれのビルで何がエネルギー消費の大半を占めているかを確認することが重要となる．熊本市のA社の百貨店では，年間使用電力量の75%を売り場の空調機器が占めていることから，運転管理を見直すことやボイラー運転の短縮によって年率1%の省エネを実践した．運転管理の見直しは，従来売り場の担当者の要請に基づいて温度調節をしていたものを，管理室担当者が逐次出向いて温度チェックを行

うことにより適正温度管理を行うという方法であった．北九州市のＢ病院では，診療棟が6割，入院病棟が3割のエネルギーを使っていることから，看護師が各病室に手作りの温度計を設置し，見回りのたびに温度をチェックするという病院全体での取組みにより，ボイラーの更新と合わせてCO_2排出量を半減した．この活動はもともと，快適な療養環境の確保や環境保全，コスト削減を目的に行われたものである．病院が新日鉄系列の病院であることも影響し，従業員全員による委員会活動によって，省エネに従業員（看護師など）が動機付けをもって全員参加で取り組んだことによる活動の成果である[iv]．

　ビルの省エネは，いくつかの問題も内在している．ビルの用途が多様であり，区分原単位について十分なデータの蓄積がないことである．例えば，スーパーでは，冷凍，冷蔵設備のエネルギー使用量が高く，金融機関では，電算システムのエネルギー使用量が高い．こういう施設では空調管理は，全体の効果からすれば大きくない．こうしたデータが整わなければ，ビル全体の省エネは進まない．現在「非住宅建築の関連データベース」の整備が行われ数万件のデータが蓄積しつつある．このデータにより，それぞれのビルのエネルギー使用のレベル比較が可能となる．

　ビルの一棟ごとの省エネの困難さを解決するため，エネルギーの面的利用も提案されている．エネルギーの面的使用は，地域冷暖房という形で従来から全国で進められている．ただし，普及のペースは東京の60カ所を除けば，進んでいない．この理由として，建物の密度が高い地域でないと効率が落ちること，日本では暖房と冷房の両方のエネルギー需要が発生するため，配管が複雑になりエネルギー効率も落ちることが指摘されている．

　ビルの問題のもう1つは，ビルの所有者と利用者（テナント）が異なる場合である．この場合，省エネのメリットは利用者に，設備コストは所有者に属する．このような利益とコストの帰属の食い違いが発生すると，省エネは進まない．

8.3.2 運輸部門

　日本の運輸部門のエネルギーも1973年と2012年を比較すれば2倍になっている．ただし，2001年以降は減少に転じている．運輸のエネルギーの伸びは，自動車台数の伸びに比例している．ガソリンや軽油の使用量の減少は，トラックなどの台数の減少と燃費の向上が理由である．運輸部門のエネルギー対策は，ハイブリッド車，CNG車，電気自動車，燃料電池車などのクリーンエネルギー利用への転換により進んでいる．すでに，電気自動車は2009年から販売が開始され，2014年度末には保有台数8万台になっている．電気自動車はガソリン車に比べて，航続距離が短いことが1つの欠点である．これを伸ばすためには，電池の容量を大きくすればよいが，それに伴い車両価格が上がってしまうというジレンマがある．燃料電池自動車も2014年から販売開始されている．

　また，こうした燃料転換の対策とともに，総合交通対策，いわゆるモビリティマネジメントも注目されている．信号機の改善，道路の改修や公共交通機関への転換などの交通手段の変更により，交通量の抑制や平準化などが可能となる．それらを総合的に進める「総合交通需要マネジメント」を行う動きがでている．この様な取り組みによって，道路交通混雑が緩和され，環境改善が図られるとともに事業効率の向上や生産性の向上にもつながる．

8.4 東日本大震災と節電

　日本における今までのエネルギー需給問題は，エネルギー需要の伸びに対してエネルギー供給をどう対応していくかという，供給側の問題に焦点が当たっていた．この考え方の転換が起きたのが，2011年の東日本大震災と福島第一原発事故である．2011年の節電は，産業界の取り組みとともに，業務部門が省エネに真剣に取り組んだ効果が大きい．東日本大震災による省エネの実践によって，いままで手が付けられていなかったセクターにおいてまだ省エネ余地があることが明らかになった．

8.4.1 2011年の節電の状況と課題

　2011年夏の節電は，不可避な状況で行われた．2011年夏に電力供給が需要に対応できないことが予想されたため，東京電力管内で15％の節電が要請された．4月には輪番停電が実施され，夏には電力使用が500kW以上の大口需要者に対して石油ショック以来となる電力使用制限令が発動された．それ以外にも小口需要者や家庭での節電に向けて，さまざまな広報手段によって節電が呼びかけられた．また，関西電力管内などでも義務的ではない節電要請が行われた．この結果，東京電力管内では，大口需要者で29％の節電（最大ピーク需要ベース，対前年比）となり，小口需要者，家庭でもそれぞれ，19％，6％の節電が図られた．企業は節電義務を最低限のラインとみなすため，結果はそれ以上となることは容易に想定される．別の見方をすれば，強制力を持って行う政策は，相対的に費用効果が悪い対策にまで拡張して，実施される可能性がある．節電に伴って生産活動に影響が出た事例や，相当のコスト（数億円〜数十億円）を払った事例も見られた．他方，製造業に比べて，業務用ビルの省エネ努力は比較的容易に実施された．例えば，日本のビルの照明は，設計500〜800ルクスに対して実際には800〜1000ルクス程度の明るさが供給されていた[v]．したがって，照明の明るさ半減は，ほとんど実体的な障害もなく実施された．一般にビルのエネルギー消費の3割は照明であるので，照明を半減することによって，自動的に15％程度のエネルギー削減が可能になる．

　自主的な取り組みであっても，業務部門であれば十分に削減が達成できることも示された．従来，省エネ法の対象となっていなかった小規模事業所では，省エネの余地は多かった．ただし，これは，今回の節電が10〜15％程度であり，照明の削減，温度調節など比較的容易な対策でも対応できるレベルであったことも重要である．実際，これ以上の対策が可能かどうかは，定かではない．業務部門の大幅電力抑制方策については，ゼロエミッションビルなどの構想がある．しかしこれは，新築ビルを前提にしたもので，2050年を目安に考えられているものであり，2030年など当面の対策として考えると，建物のインフラ寿命，建替えスパンから，大幅削減は

難しいことになる.

　2011年に続いて2012年の夏には，今度は，関西電力管内での電力事情がひっ迫したため，関西電力管内で10％以上の節電が要請された．この結果，大口需要家で13％，小口需要家で11％，家庭で10％の節電が行われた．2年続けて10％以上の節電が行われたわけであるが，これらの節電は定着したものとみてよいであろうか．節電の定着率をある仮定を基に計算すると東京電力管内で10％，関西電力管内で4％という数字が挙げられた[vi]．これは，関西電力管内で取られたアンケートによっても裏付けられる．まず，大口需要者へのアンケートによれば，7割の事業所が今後とも節電は続けると回答している．しかし，可能な節電レベルは5％以下との回答が半数近くあり，大多数が10％以下というものであった．また，家庭では，今後とも節電を続けるとの回答が9割以上であったが，無理のない節電は5〜10％いう回答が多数であった．これらの評価として以下のようなことが挙げられる．

・大口需要者は，節電は可能（電力使用制限令15％），ただし，これは非常措置（たとえば，自動車工業界の休日シフト，夜間シフト）が必要である．通常の節電は10％程度か．
・小口需要者も，10％程度までなら可能．小口需要者は省エネ法の対象になっていなかったので節電の余地がある（たとえば，コンビニの照明）．
・家庭の節電は，販売電力量ベースでは10％程度まで可能．ただし，最大需要時間帯（最大電力ベース）においては数％程度になる．地域や家庭によって対応が異なる．

　このように，2011年夏のピーク対策は，かなり無理な面もあるものの，数％程度の節電なら無理なくできることを実証した．

8.4.2　ピークカット対策

　電力の節電を考える場合，重要なのは全体の需要削減もさることながら，ピークカット対策であることも明確になった．

　夏季の電力消費パターンは年間エネルギー使用パターンとは全く異なる.

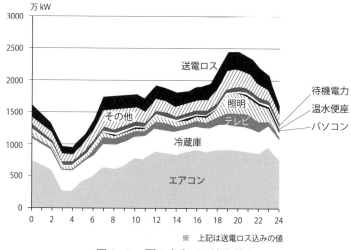

図8.6　夏の家庭での消費電力
出典：エネルギー白書（2013）

例えば，家庭のエネルギー年間消費は暖房が25％，給湯が28％，動力・照明が37％，冷房が2％となっている（2014年度）．しかし，夏季の電力消費内訳では，図8.6が示唆するように，20時においてエアコン37％，冷蔵庫15％，照明12％などとなっている[vii]．したがって，最大需要期である夏季の節電にはエアコンの節約がとても重要となる．日本の電力需要は，季節によって，大きく異なる．供給側は最大需要に合わせて設備を計画するため，どうしても，日本の電力は大きな予備力を必要とし，高需要期以外の季節は，これらの設備は予備力となる．したがって，電力供給に制約がある場合は，この高需要期，すなわちピーク時の電力需要カットが極めて重要となる．自動車業界における休業日の平日シフトなどの製造体制を変える取り組みは，ピークカット対策に非常に大きな効果があった．休業日の電力使用量は平日に比べて少ないので，産業ごとに休業日を変えれば電力需要の平準化になり，最大需要を下げることができる．自動車業界では休業日を木，金とすることで需要の平準化に寄与した．ただし，この対策は企業の事業活動や従業員の生活に大きな影響を与える．

電力需要のピークカットについては，高需要期の消費に大きなウエイトを占めるエアコンの需要削減が重要である．エアコンは，夏季の最大需要時間帯において半分以上の電力消費を占めている．このための対策としては，設定温度を上げる，日射の遮蔽，通風の利用などが考えられる．ただし，北海道のような寒冷地においては，冬季の暖房に要する電力需要が大きい．

　ただ，エアコン設定温度や時間の短縮は，普通の人には我慢のレベルであっても，老人や乳幼児には生命にかかわることにもつながる．また，エアコンの電力需要は，気温に大きく左右されるので，予測がしづらい面がある．エアコンの電力削減のために，他の冷房手段への切り替えは可能か，考えてみよう[viii]．東京電力管内の夏場の最大電力需要は6000万kWであり，このピーク電力を少しでも低下させることが重要となっている．家庭用冷房を除くと，電力冷房の代替はガス冷房である．ガス冷房の比率は全国平均23％であり，東京では過半数を占める．地域におけるガス・電気料金比率とガス冷房の導入比率を比較すると，電気料金が高くガス料金が安いほどガス冷房が普及する．東京では電気料金が相対的にガス料金より高いのでガス冷房の割合が高くなっている．

　一般に夏季の気温が一度上がると，200万kWの電力消費の増加があると言われる（気温感応度）[ix]．このような状況から，将来的には気候の予測やデマンドレスポンスといった，高需要期には強制的に需要を減らす対策についての検討が必要となってくる（デマンドレスポンスは8.6参照）．

8.5　省エネは救世主か

　省エネは，IEAの分析によれば，最も効果的で，かつ早急に対応できる温暖化防止手段である．多くの省エネ手段は，コストパフォーマンスが良く，いくつかの手段は，コストよりも便益が上回っている．IEAの予測[x]によれば，2020年までのコストがあまりかからず実行可能な対策のうち，省エネによってカバーされる部分が5割を占める．

日本もパリ協定合意に先立って，2013年比で温室効果ガス排出を26％減（2030年目標）する国際約束を提出した．この約束は，産業界の実施計画を積み上げて作製した部分は，内訳もあり透明性も高いものである．他方，この約束を実施するためには，2030年までの間に5030万kL（石油換算）の省エネを行う目標を設定しており，省エネは日本の約束達成の重要な手段となっている．しかし，この目標を達成するためには2030年までの18年で35％の効率改善（エネルギー消費量を実質GDPで割った値）を行う必要がある．これは，結果として効率改善を石油ショックが起きた1970～1990年と同じレベルで実施することになる．1990～2010年は20年間で1割しか効率改善が進んでいないことを踏まえれば，かなりチャレンジングな目標となっていることがわかる．このためには，従来施策のみならず，エネルギーマネジメントの導入や次世代自動車の普及のためのインフラ，建築物の省エネ基準の義務化，家庭での削減対策のためのインセンティブづくりなど，今までにない取り組みを行っていくことが必要となってくる．

　省エネは，はたして地球環境問題の期待の救世主になりうるのであろうか．

　省エネがコストパフォーマンスの良い政策だ，という分析には，異を唱える意見も多い．省エネを達成するためには，コストのかかる投資や情報が必要（省エネバリア）という説がある．また，エネルギー利用効率の向上はエネルギーコストを低下させ，逆に需要の増大（リバウンド）を招き，エネルギー需要の削減にはつながらない，との意見もある（ジェヴォンズの逆説と呼ばれる）．もっとも，この説は，省エネの進展とエネルギー需要の伸びという2つのパラメーターの関係を見ただけであり，その因果関係を調べたわけではない．つまり，科学技術の革新によって，エネルギー効率の向上が図られたが，同時に生活の向上によってエネルギー使用量の向上も図られるということである．エネルギー消費効率の向上がなければ，エネルギー消費の伸びは今より速いスピードで進んでいたかもしれない．したがって，省エネは，エネルギー需要の伸びを抑制する働きを果たしていると推測できる．

省エネ楽観論としては，省エネが産業の生産性を向上させるという意見がある．実際，1973年の石油ショック以降，日本の製造業はエネルギー効率を向上させた．また，同時に生産性も向上したので，省エネをすれば生産性の向上が図れるという説が登場する．鉄鋼業の事例をみれば，この傾向は事実である．しかし，これには，いくつかの前提が必要である．生産性が向上した理由の1つは，エネルギーの消費削減によってコストが削減されたことにある．すなわち，コスト削減効果が発生するには，エネルギーコストが生産コストの中で高いことが必要である．この点，中国などの途上国で省エネが進まないのは，政策的にエネルギー価格が低く抑えられているためである，ともいえる．したがって，省エネが進むためには，エネルギー価格が上昇するという環境が必要である．石油ショックによって石油の価格が2～3倍になったため企業の省エネが進んだわけである．

価格によって消費者の行動を促すメカニズムは，広く使われるものであり，電気料金によって電力消費量を調整する方法は，多くの経済学者から提唱されている．実際この主張に基づき，アメリカや韓国で電気料金価格制度によりピークカットを行う方法が採用されている．これをダイナミックプライシングという．特にアメリカにおいては，電気料金が消費削減に影響するとの研究が多いが，削減された内容をみるとプールの温水器などの削減であったりする．また，韓国においても電気料金が公定価格で低く抑えられているため，逓増料金もあまり需要抑制には有効となっていないという意見もある．すなわち，電気料金が需要に影響を与えるかどうかは，電気が必需品かぜいたく品か，他のエネルギーとの代替性があるかどうか，などの観点も重要である．電気料金の需要に与える影響は需要の価格弾力性から推定され，弾力性が高く代替材が存在するほど電気の代替性が高まる．日本の家庭のエネルギー消費においては，価格効果は低いと言われ，他方，産業においては価格効果は高いといわれる．

価格政策以外に，欧州では，省エネを社会政策の一環として実施している面がある．例えば，イギリスでは低所得者層向けにLEDライトなど省エネ機器を無料配布している．日本は，省エネは企業の経営戦略の中で重

《理論的解説》 需要の価格弾力性

　需要の価格弾力性とは，価格の変化に伴って需要がどのくらい変化するかということである．一般に，必需品のような必要不可欠な商品は，価格が上がっても需要は減らないし，ぜいたく品であれば，価格が上れば，需要が減少する．これを図8.7で見てみよう．需要曲線がDbのようになれば，価格の上昇（供給曲線がSからS*に変化した場合）による需要削減効果はb-b'，他方Daのようであれば，価格の上昇による需要削減効果はa-a'となる．言い換えれば，Daのケースは需要の価格弾力性が小さい場合であり（非弾力的という），必需品のような財が該当する．このような場合，価格政策はあまり効果がないことになる．

　需要の価格弾力性については，多くの研究があり，出された結果も異なっている．星野（2009）[xi]は世界各国の研究報告を調べ，推計データや推計モデルによって結果が異なることを示している．例えば，時系列を考慮するよりしないほうが，さらに価格下降期よりも上昇期の方が弾力性は大きめに推計される傾向がある．しかし，いずれにせよ，省エネバリア，政策に関する需要の反応，社会変化や消費者心理の影響，技術進歩率の影響など多くの要因の検討が必要としている．すなわち，単にエネルギーの需要弾力性を論じることは政策的含意が少なく，どのエネルギーの市場について論じるのかという点，そして，当該エネルギーの代替性の有無も考慮しなければならない．

　また，上記のように短期の変化を見る場合，交差弾力性（当該製品の価格が変化したとき他の製品の需要量の変化率）は自己弾力性（当該製品の需要量の変化率）よりも高いが，これもエネルギーが必需品の性質を有していることに帰結している．非弾力的とは，対象の財（この場合はエネルギー）が必需品であり，かつ，需要者が当該財の消費にあたって適切な代替的手段を持たないことを意味する．すなわち，価格の上昇によって，当該財の消費

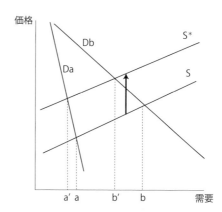

図8.7　需要の価格弾力性

が適切に代替財の消費に置きかえられないと，価格の引き上げは単に当該財の支出の増加により実質所得の低下を招くだけとなる可能性が高い．したがって，価格の引き上げによるエネルギー需要の低下を期待するには，代替財の確保がなされることが必要である．そのような状況下では，価格は需要の低下に有効に働く可能性が高い．

　ただし，このような変化が生じるかは，代替財の存在だけでなく，消費者の選択肢に基づくスイッチングコスト（あるサービス契約から他のサービス契約に変える時，新しい契約内容を調べたり，変化による影響（不安）を確認したりするのに伴うコスト）なども考慮する必要がある．

きを置いて考えられてきた．これは，日本企業が自主的に省エネに取り組むという社会規範を前提にしている．アメリカのように省エネが社会のコンセンサスでない場合は，省エネを社会政策として考える必要がある．日本の省エネ政策は，世界中でも非常にうまくいった事例として取り上げられる．トップランナー方式では，テレビが61％（2008〜2012年の14年間で），自家用車が49％（1995〜2010年の15年間で）といった驚異的な省エネ改善を成し遂げている．トップランナー政策は省エネルギー法に基づいて行われ，基準を守れなかった事業者への罰金などが規定されている．しかし，こうした政策は日本でのみ可能であり，アメリカでは到底採用されないであろうともいわれる．こうした政策が受容されるのは日本には，「もったいない」精神があることから，もともと省エネについては，強い社会的規範があるとの見方がある[xii]．

8.6　今後の省エネを巡る話題：デマンドレスポンス

8.6.1　デマンドレスポンス

　今後，エネルギー需給の観点から，供給力の大幅増加が困難な状況にあって，需要の抑制は不可避である．特に，供給側で大きな予備力を必要とする原因となっているピーク時のエネルギー需要の削減は極めて重要である．すでに，欧米では，需要抑制をコントロールする，デマンドレスポ

ンスの導入が進んでいる．それでは，デマンドレスポンスを日本で導入することは可能なのであろうか．

　デマンドレスポンスの手段は２つある．１つは，時間帯別の料金設定を行い，高需要時の需要をシフトする方法であり，もう１つは，あらかじめ高需要時，特に需給ひっ迫時における供給を自動でシステム側が遮断するかわりに割安な料金を提供するものである（インセンティブ方式という）．

　スマートコミュニティ構想の下，４か所でデマンドレスポンスの実験が行われた．このうち，北九州市の取組みは，すでに時間帯別料金が適用されていた八幡東区の一区画のショッピングセンター，大型マンションなどを含む地域でのクリティカルピークプライシング（予測できなかったピーク需要が発生した場合，緊急時電気料金を適用する）などの社会実験である．この実験では，クリティカルピークプライシングが有効に機能するという結果が現れている．また，他の地区でもピーク抑制効果が確認されている．

　しかし，このような実験には，２つの点で注意が必要である．第一に，実験環境の問題である．社会実験においては，参加者も政府の施策に協力するというモチベーションが高い．一般に，このような実験では，参加者が他者から見られているという状況から，実験に協力的になる．もう１つの課題は，慣れである．社会実験をすると，最初は興味を持ってエネルギーメーターを管理していた住民も，だんだん実験への関心を失い，エネルギー管理にそれこそエネルギーを使わなくなる．アンケートでも，時間が経ってもよく見つづけるのは天気情報くらいである（エネルギーには関心がない）との結果が表れている．したがって，節電効果は時間とともに減少する．この傾向は他の家庭の実験でも見られる．

　アメリカなどで機能しているデマンドレスポンスは時間帯別料金，ピーク料金などいくつかあるが，いずれにせよ，これを利用する利用者にはカットできる余剰需要がある．しかし，日本の家庭でこのようないつでも削減可能なエネルギー需要がどのくらいあるであろうか．もし，余剰需要がなく，かつ，エネルギーをためる設備を有していなければ，本来使う必

要があるエネルギーを別の時間にシフトさせなければならず，ライフスタイルの変更を余儀なくされる．例えば，高需要時間帯の需要を減らすため，昼食を朝に作るなどの行動が必要となる．また，時間帯別の電力を計測できるスマートメーターなどの整備も必要となってくる．現在，2020年をめどにスマートメーターの整備が進められているが，時間帯別料金のシステムの普及にはまだ課題が多い．

　他方，インセンティブ方式は，すでに企業向けには「需給調整契約」として導入されている．企業にとっては，緊急時に遮断されることによるコストと割安な電力料金のコスト効果の比較の問題であり，前者が後者より小さければこの契約は経済性を持つ．これらの削減された電力を需要家同士で取引することも行われる（ネガワット取引という）．これらのマイナスの需要は需給バランス上では供給とみなすこともできる．アメリカではすでにピーク需要の7.6％に当たる電力量がデマンドレスポンスによって抑制されている．その9割はインセンティブ方式によるものである．

8.6.2　スマートコミュニティ

　スマートコミュニティはエネルギーの面的利用を拡張し，地域（コミュニティ）で，エネルギーのバランスをとろうとする構想である．コミュニティ内なので供給制約が存在し，その中で需要抑制が必要となる．したがって，スマートコミュニティはデマンドレスポンスが前提となる．また，逆に余ったエネルギーはコミュニティ内の他の需要者に回されることになる．この場合も，工場やオフィスといった大需要家（その需要の中には削減可能な量も存在する）同士のやり取りであれば比較的容易である．

　この事例として横浜のスマートコミュニティがある．これは，横浜みなとみらい地区などを対象にしたプロジェクトである．同地区では大規模ビルやタワー型マンションなどが対象であり，加えて，デマンドレスポンス対応型電気自動車の導入実験もなされている．一方で，栃木県太田市で行われた電気自動車活用実験では日中に太陽光で充電できる時間帯は各家庭とも外出に自動車を使うため，十分充電ができないという結果も得られて

いる．家庭の需給調整には，ライフスタイルのデータの蓄積がなお必要である．需要側のエネルギーマネジメントは今後ますます重要性を増す．そのために，需要サイドのエネルギー消費構造の分析が求められている．

注

i　IEA（2012）．
ii　豊田茂（1976）「鉄鋼業におけるエネルギー使用の変遷」『鉄の語る日本の歴史』そしえて．
iii　杉山大志ほか（2010）．
iv　新日鉄八幡記念病院（2009）「環境にやさしい病院をめざして」『省エネルギー』vol.61, No.2．
v　照明学会（2002）「オフィス照明の実態」研究調査委員会報告．
vi　内閣府（2012）「今夏の電力需給対策のフォローアップについて」．
　　http://www.cas.go.jp/jp/seisaku/npu/policy09/pdf/20121012/shiryo3-1-1.pdf
vii　経済産業省（2013）『エネルギー白書2013』．
viii　堀史郎（2011）「電気料金の引き上げは正しい政策か」『環境経済政策研究』第4巻2号．
ix　岩船由美子（2011）「緊急節電」．
　　http://www.iwafunelab.iis.u-tokyo.ac.jp/kinkyusetsuden/basic.html
x　IEA（2013）．
xi　星野優子（2009）「エネルギー価格の国際比較―地球温暖化防止政策の視点から―」電中研研究報告 Y08027．
xii　ダニエル・ヤーギン（2012）．

問題

1．産業，業務，運輸，家庭の各セクターにおいて，省エネを無理なく行うには，どのような条件が必要か．
2．デマンドレスポンスの役割と可能性について考えよう．

参考文献

加治木伸哉（2010）『戦後日本の省エネルギー史』エネルギーフォーラム．

資源エネルギー庁（2013）エネルギー白書2013．

杉山大志・木村宰・野田冬彦（2010）『省エネルギー政策論』エネルギーフォーラム．

ダニエル・ヤーギン著，伏見威蕃 訳（2012）『探求　エネルギーの世紀』日本経済新聞社．

IEA（2012）*World Energy Outlook*．

IEA（2013）*Special report on climate change*．

第4部
これから

第9章
地球環境問題

　身近な環境問題には，大気汚染，水質汚染，土壌汚染，騒音等があるが，その影響が及ぶ範囲は限定されている．しかし，1970年代になると，欧州で酸性雨問題がクローズアップされた．酸性雨の原因は，硫黄酸化物（SOx），窒素酸化物（NOx）であり，国境を越えて影響を及ぼし，湖沼や土壌の酸性化，樹木の立ち枯れ，屋外文化財や構造物への被害が欧州全体で顕在化した．そのような背景から，1972年には，越境環境問題についての世界で初めての大規模な政府間会合である人間開発環境会議が開催されている．

　また，1974年には特定フロンによるオゾン層の破壊機構が発表され，1980年代には，成層圏オゾン層破壊が問題となり，1985年にはオゾン層保護のためのウィーン条約が採択された．特定フロンは，クロロフルオロカーボン類と呼ばれるガスであり，冷媒などに幅広く利用されてきたが，1987年に合意されたモントリオール議定書のもとで，その利用が禁止または制限されている．特定フロンは，温室効果があることも知られている．その代替物質として利用されるのが，ハイドロクロロフルオロカーボン類とハイドロフルオロカーボン類であり，オゾン層破壊効果は小さいが，温室効果がある．

　温室効果ガスの濃度上昇による気候変動問題は，従来からその基本的メカニズムはわかっていたが，政治問題化したのは，1980年代後半になってからである．1988年にはトロント宣言により，世界のCO_2排出量の削減が提唱され，後述する気候変動に関する政府間パネル（IPCC, Intergovernmental Panel on Climate Change）の結成につながった．このような

関心の高まりを受けて，1992年には国連環境開発会議が開催され世界各国は気候変動枠組条約に署名した．

しかし，気候変動問題は，他の地球環境問題に比べて多くの論争を巻き起こしてきた．1つには，気候変動のメカニズムに関することである．人為的な温室効果ガスの排出がその濃度上昇をもたらし，気温上昇の原因になっていることは，これまでの自然科学研究の蓄積からほぼ確実と判断できるが，その温度上昇の程度や，降水の詳細分布などについては，地球の大気環境の中でわかっていないことも多いからである．そのため，いつごろまでにどのくらいのCO_2を削減すればいいのか，その効果はいつごろ表れるのか，という点については，いまだ論争も多い．

もう1つの論点は，では，誰がどのくらいCO_2の排出を削減すればよいのか，という問題である．1992年に各国は気候変動枠組条約に合意した．その当時のCO_2の排出は，先進国が6割を占めていたこともあり，先進国に排出削減義務を課す京都議定書が1997年に締結された．しかし，すでに1990年代後半から，途上国の排出量が無視できないレベルまで増えていた．いまでは，世界最大の排出国は中国であり，世界全体の28％を占めている．しかも，中国，インドなどの新興国の排出量はこれからも増え続けることが予想されている．気候変動問題は，先進国の問題から，新興国・途上国を含めた世界全体の国が協力して行うことが不可欠となっている．

本章では，まず，気候変動問題とは何か，どのようなメカニズムにて起きるのか，その影響はどのように予測されるのか，について解説する．次に，気候変動を防止する世界の国々のコンセンサスの取り方，対策の方法等について述べることにする．

9.1 地球環境問題のメカニズム

エネルギーが太陽から地球に降り注ぐ一方で，温室効果ガス（GHGs, Greenhouse Gases）温暖化を促進する物質の総称で，気候変動枠組条約の運用では，二酸化炭素など7分類の気体が指定されている[i]）によって

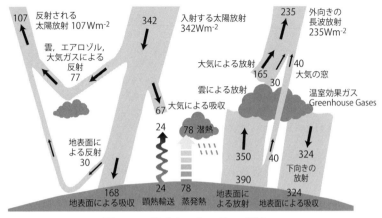

図9.1 地球のエネルギーバランス
出典：IPCC WG1第4次評価報告書

地球から熱の放射が妨げられ，結果として地球表面の気温が上昇する．その対応を考えるには地球のエネルギーバランスを考えねばならない．

地球全体のエネルギーバランスについて示したのが図9.1である．地球が$1m^2$あたりに受け取る太陽からのエネルギーが，342Wである．このエネルギーは，電気こたつの消費電力のオーダーと同じである．大気圏外では，太陽に垂直な面が1秒間に受け取るエネルギーは，$1366W/m^2$である（太陽定数と呼ばれる）．地球を球と考えた場合，半径をrとすると，表面積は$4\pi r^2$，断面積はπr^2なので，断面積で受けたエネルギーを，地表全体に行き渡らせると，1366/4=342となるわけである．実際には，地表に到達するまでに，雲や大気中の微粒子であるエアロゾル，地表の反射と，大気への吸収によってその強さは約半分になってしまう．

全体で見ると，地球から宇宙に戻るエネルギーは，反射されるエネルギー分107と，地球が受け取っているより波長が長い赤外線成分が中心の長波放射235の合計342で，地球のエネルギーのバランスはとれている．しかし，図9.1でわかるようにGHGによって，地球から宇宙に出ていこうとするエネルギーが抑制され，大気の温度が徐々に上がっていく原因になっている．もっとも，大気による温室効果がないと，地表の温度は

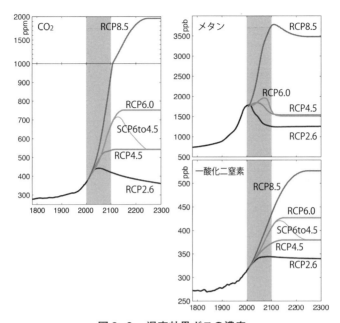

図9.2　温室効果ガスの濃度
出典：IPCC WG1 第5次評価報告書
注：将来濃度のRCPについては9.2参照．

−19℃程度になることが知られている．このような地球全体からみたエネルギーの収支のうち，大気の下部が徐々に暖まっていくような原因となっているエネルギーのことを「放射強制力」と呼んでいる．

18世紀中葉以降の，温室効果ガスとして代表的な二酸化炭素（CO_2），メタン，一酸化二窒素の濃度変化を図9.2に示す．18世紀中葉までは，いずれのガスの大気中濃度もほぼ安定した推移をみせていたが，産業革命を契機とした化石燃料の燃焼利用や，食糧生産の増加と連動した肥料投入，畜肉生産の活動レベルが増加したため，これらの活動に起因する CO_2 やメタン，一酸化二窒素の排出がそれにあわせて増加した．CO_2 について言えば，大気中の濃度は18世紀末までは270〜280ppmで推移してきたものが，2016年時点では約400ppmに達している．ppmは100万分の1を表す単位なので，％でいうと現在は大気中の成分の0.04％が CO_2 となって

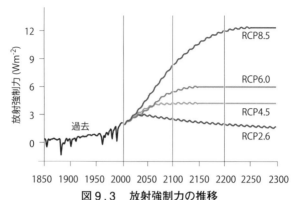

図 9.3　放射強制力の推移
出典：IPCC WG 1 第 5 次評価報告書

いる．

　1850年以降の放射強制力の変化を図9.3に示す．長寿命の温室効果ガスである CO_2，メタン，一酸化二窒素の他に，代替フロン類によるもの，3つの酸素原子で構成され殺菌などに使われているオゾン（O_3），空気中の微粒子であるエアロゾルなどを含め，これらの合計で，2005年の値が 2 W/m^2 程度である．これは先ほどの図9.1の，地球に入射する 342W/m^2 の 0.6％程度にすぎない．このわずかの温室効果が長期に継続すると，徐々に地球全体の気温を上げることになる．なお将来のRCPレベルの数字は，長期的に見た放射強制力の値を示している．

9.2　IPCCの評価報告書

　IPCCの目的は，最新の自然科学的および社会科学的知見をレビューしてまとめ，気候変動防止政策に科学的な基礎を与えることにあり，世界中の気候変動に関する研究者が活動に関与している．3つの作業部会（WG, Working Group）が組織されている．WG 1 は，気候変動の観測事実と予測を扱い，WG 2 は，気候変動の影響評価や，影響の低減策である適応策の社会・経済的側面を活動対象としている．また，WG 3 は，温室効果ガ

ス排出そのものを削減していく緩和策の社会・経済的側面からのレビューを実施している．IPCC はこれまでに，第1次から第5次までの報告書を公開している．最新の報告書は第5次報告書であり，2013年（WG 1）から2014年（WG 2 および WG 3）にかけて発表された．

9.2.1　IPCC WG 1 第5次報告書　気候変化

1850年以降の世界平均地表気温の推移と将来予測を図9.4に示す．縦軸は，1886年から2005年の平均値からの上昇分を示している．また，将来データは，IPCC 第5次報告書に向けた気候モデル[ii]計算の標準的な排出量および濃度データとして整備された代表的濃度経路（RCP：Representative Concentration Pathway, RCP シナリオという）を4種類の温室効果ガス排出シナリオ別に，世界各国の研究者が参加して試算した，複数の気候モデル推定値が幅をもって示されている．21世紀末までの温度変化を世界地域別にみた場合，2020～2029年の気温上昇パターンでみると，4つの排出シナリオの差はあまりないが，2090～2099年のパターンをみると，温室効果ガス排出量が大きいほど，気温上昇が高いことがわかる．また，陸ほど温度上昇が大きい．海は陸と比較して暖まりにくいため，温度上昇も小さくなっている．さらに，海氷が減少すると海の太陽エネルギーを反

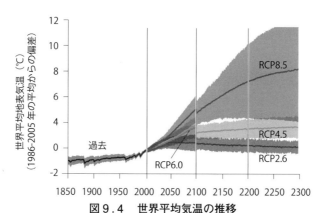

図9.4　世界平均気温の推移
出典：IPCC WG 1 第5次評価報告書

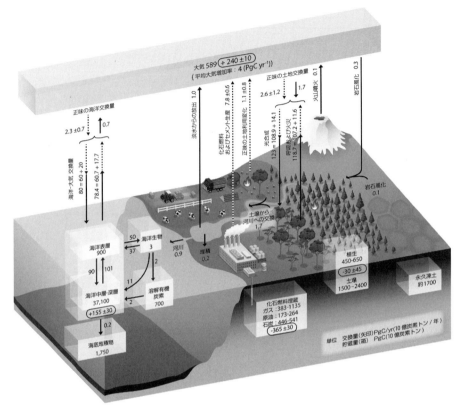

図9.5 地球規模での炭素循環（口絵1参照）
出典：IPCC WG1 第5次評価報告書

丸囲み中，および点線矢印の数字は，それぞれ，累積貯蔵量の変化，年平均交換量の値である．化石燃料埋蔵の箱の数字が減少しているのは炭素を含む化石燃料が採掘されたことを表現しており，海洋表層・中層・深層の数字が増加しているのは海洋の炭素蓄積量が増加していることを反映している．同様に，2011年における大気中の炭素量は炭素換算で589+240=829 PgCと産業革命前からの値の約1.4倍になっており，2011年のCO_2濃度が産業革命前の値278ppmから約1.4倍の390ppmになったことと対応している．

射する効果が小さくなり，陸の雪氷や凍土が融解すると太陽エネルギーをより吸収しやすい土壌がむき出しになる割合が増えるので，どちらの要因も高緯度域での温度上昇が大きいと推定されている．

気候変動の影響は，温度上昇だけにとどまらない．海水の熱膨張や，グリーンランドおよび南極の氷床の融解，氷河の融解により，海面が上昇するとされている．今世紀末には，排出シナリオや気候モデルによる違いはあるが，0.26〜0.82m程度の海面が上昇するとされている．また，雨や雪の降り方も変化する．降水量の変化は，地域差が大きい．多くなる地域もあるし，少なくなる地域もある．多くなる地域は洪水，少なくなる地域は干ばつなどの影響が懸念される．

GHGの大半はCO_2なので，地球上でCO_2がどのようなバランスをとっているかは非常に重要である．地球上の炭素は陸域，海洋，大気を循環している（図9.5）．箱と実線の矢印にある数字は，それぞれ，産業革命前（1750年頃）の貯蔵量と年間交換量の推定値を示す．点線の矢印にある数字は，2000年から2009年平均の人為起源の交換量の値である．箱にある丸囲みの数字は，1750年から2011年までの人為起源活動により，どれだけ貯蔵量が累積で変化したかを示している．石炭，石油，天然ガスといった化石燃料に含まれる炭素分は，もともと地中にあったものであるが，それを採掘し燃焼してエネルギーを取り出している．また，森林伐採に伴う燃焼，植物の光合成や呼吸によるCO_2の交換は，いずれも速度が速い．海の表面と大気，土壌と大気もCO_2を交換している．これらに対して，海洋中での，鉛直方向に対する炭素の移動速度は遅く，海洋の深い所と海洋底に堆積している炭素の交換速度は非常に遅いとされている．

9.2.2 IPCC WG2 第5次報告書　影響と適応策

それでは，気候が変化した場合にはどのような影響が考えられるのであろうか．WG2報告書では，直接的な影響を，平均的な温度上昇，異常温度，乾燥，豪雨，平均的な降水変化，雪氷，熱帯性低気圧，海面上昇，海洋酸性化，CO_2濃度上昇による影響に大別している．これらの直接的な気候変化は，農業をはじめとして様々な人間活動に影響を与えることが推定されている．

特に途上国地域においては，社会インフラが整備されていないので暴風

雨などの異常気象に対して一般的に脆弱であり，現在のままだと気候変動が起こった場合に影響が大きいことが考えられる．気候変動の影響を軽減させる策を「適応策」と呼び，水に関係するものでは，雨水収集拡大，水貯蔵と節水，再利用，海水淡水化，水利用と灌漑効率化などがあり，農業関係では，作付時期と品種調節，作地移動，土地利用管理（浸食管理，土壌保護）などがある．インフラ・居住地関係では，居住地移動，護岸堤・高潮バリア，砂丘補強，湿地創出（海面上昇・洪水の緩衝帯），自然防護帯保護などがある．健康関係では，暑さ対策行動計画，緊急医療サービス，気候感度の高い疾病調査と対策改善，安全な水の確保と衛生状況向上などが想定されている．

9.2.3 IPCC WG 3 第 5 次報告書 温室効果ガス削減（緩和策）

1970年から2010年までの，世界の温室効果ガス排出の内訳をガス別に示す（図9.6）．ガス別にみて，2010年でいちばん寄与が大きいのは，CO_2であり，全体の76％を占める．CO_2の排出は，化石燃料の燃焼およびセメントなどの産業プロセス65％，森林伐採等で11％である．その次がメタンの16％，一酸化二窒素の6.2％，フッ化ガスの2.0％と続いている．また，2010年における世界の温室効果ガス排出の活動別内訳をみたものが図9.7である．25％を占める発電や熱の生産については，その排出を生産時にみるか，需要に帰属させるかで値が異なる．図9.7において「間接CO_2排出」とあるのは，需要に帰属させた場合の値を示している．運輸の間接排出は，世界的に見ると運輸エネルギーに電力があまり利用されていないことを反映して少ない．また，残りの直接排出でみた場合には，全体排出に占める比率は農業・森林・土地利用（AFOLU）24％，産業21％，運輸14％，民生（家庭と業務）6.4％となっている．

温室効果の程度を示す放射強制力の寄与のうちでは，CO_2の影響が支配的であるため，便宜的に考えられたのが，CO_2以外の温室効果ガスをCO_2に等価換算する方法である．CO_2等価には，排出量に関するものと濃度に関するものがある．

第9章　地球環境問題　　187

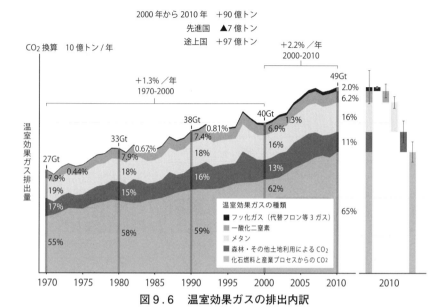

図9.6　温室効果ガスの排出内訳
出典：IPCC WG 3 第 5 次評価報告書

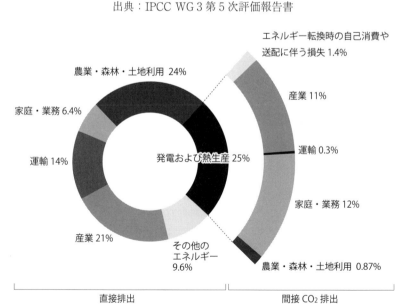

図9.7　温室効果ガス排出量の部門別内訳
出典：IPCC WG 3 第 5 次評価報告書

排出量の等価換算では，異なるガスの排出量を単純に足すことはできないので，換算には，温暖化ポテンシャル係数（GWP, Global Warming Potential）という重み付け係数を用いる．GWPは，CO_2を基準にして，同じ質量のガスが，一定の時間後に，どの程度の放射強制力を持っているかを示す係数であり，通常は100年のGWP値が用いられる．GWP値は科学的知見の進歩によって変化する．例えば，IPCC第5次評価報告書では，メタンのGWPは28であり，一酸化二窒素のそれは265である．メタンの場合は，京都議定書に示されている第2次評価報告書に記載されているGWPは21であり，各国が自国の温室効果ガス排出量を国連気候変動枠組事務局に報告する際のGWPは，第4次評価報告書に記載されている25を用いている．

　もう1つが，濃度の等価換算である．異なる温室効果ガスの濃度を単純に足しあわせることはできない．そこで，式9-1で示される放射強制力の式から，CO_2等価濃度Cを逆算することが行われる[iii]．

$$RF = 5.35 \times \ln(C/C_{preind}) \quad (9\text{-}1)$$

RF：放射強制力（W/m^2），C：CO_2等価濃度（ppm-eq），
C_{preind}：産業革命開始時のCO_2濃度（ppm）（278ppm）

　気温上昇に代表される気候変化を少しでも抑制するために，その原因である温室効果ガス排出を抑制しようというのが，緩和策と呼ばれる対策群である．先ほど示した図9.7では，2010年時点での世界温室効果ガス排出の65％を，化石燃料燃焼および産業プロセスからのCO_2で占めていた．気候変動の緩和策としては，例えば，化石燃料から原子力を含めた非化石エネルギーへと供給構成を変えていくことがある．この方策については，その地域で産出する資源かどうか，大量に安定して供給できるかなどの要因が重要となる．次にエネルギーの転換における対策がある．エネルギーは，電気，ガソリンなどの使いやすい形態に変えて用いられることが多い

が，その過程を転換という．発電を例として考えた場合，日本において最新型の石炭発電の熱効率は0.4程度，天然ガス発電の熱効率は0.6程度に達しているが，旧式の発電所ではそれより低い効率での発電が行われてきた．転換の効率を上げることで，余分のエネルギー資源消費が避けられ，結果としてCO_2排出も少なくなる．また，最終的に使われる需要である，産業，運輸，民生における省エネルギーがある．ハイブリッド化による自動車燃費向上，同じ冷暖房の効果を得るために必要なエアコンの投入電力低下などはその例と言える．化石燃料燃焼に伴って発生するCO_2は回収貯留することもできる．技術はすでに確立されているので，そのコストを下げて，大規模実証していくことが重要である．日本でも製油所から発生するCO_2を苫小牧沖の海底下に貯留するプロジェクトが始まっている．森林などの土地利用や農業からも温室効果ガスが排出されているので，森林保全などの活動が有効である．

WG3報告書には，世界温室効果ガス排出量として，4種類の排出シナリオの経路が示されている（図9.8）．4種類の排出シナリオは，前述したWG1における気候モデル試算のために整合的な数字として準備されたもので，将来どのシナリオを選択すべきであるという意図を持って示され

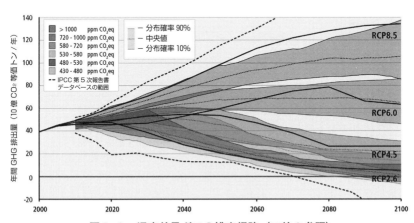

図9.8　温室効果ガスの排出経路（口絵2参照）
出典：IPCC WG3第5次評価報告書

たものではない．ただし，後述する気候変動枠組条約パリ協定に示された2度目標を達成するためには，排出と吸収のバランスで決まる正味の温室効果ガス排出をゼロに近づけ，最低位のシナリオであるRCP2.6に長期的に近づけていくような大きなエネルギーシステムの変革が必要である．

9.3 エネルギーシステム分析の方法

　気候変動問題に対する総合的な対策を検討するため，気候変動，エネルギーシステム，土地利用等広範にわたる学際的な知見を総合的に評価し，システム分析を行うツールである数理モデルの開発が数多くの研究者により進められている．それらのモデルは，気候変動メカニズムに加え，エネルギー，土地利用，気候変動影響，経済などの多様な要素を盛り込んだ「学際性」，大量の変数や関係式を含む「大規模化」の特徴を有している．また，温室効果ガス排出とその濃度変化が気候変動に影響を与えるタイムスパンの長さに起因する評価期間の「超長期化」やトップダウンの問題とボトムアップの問題を同時に扱う「スケール統合」にも特徴を有する．また，それらの評価結果の解釈にあたっては気候変動，社会経済現象，およびそれらの相互作用メカニズムが解明されていないことに伴う「不確実性」の範囲を意識する必要がある．このような時間，空間および学際領域に対して広範な評価を必要とするモデルは，その扱う分野も幅広いことから，「統合評価モデル」と呼ばれるようになった．

　黒沢らが開発を進めてきたGRAPE（Global Relationship to Protect the Environment）モデルは，エネルギーや土地利用からのCO_2をはじめとした温室効果ガスの発生量を推定し，経済モデルと気候モデルを組み合わせて総合的な評価を行う構造を有しており，活動量－温室効果ガス排出量－大気中温室効果ガス濃度－放射強制力－大気温度といった因果関係や，費用効率的な対策の組み合せなどの検討において整合性な評価が可能である．また，エネルギーモジュール部分を切り出してエネルギー関係事項のみを扱うエネルギーモデルとして稼働させることも可能となっている（モ

デルの構成は appendix 参照).

現在のエネルギーモデルの地域分割は15 地域（カナダ，アメリカ，西欧，日本，オセアニア，中国，インド，その他東南アジア，中東北アフリカ，サハラ以南アフリカ，ブラジル，その他ラテンアメリカ，中欧，東欧，ロシア）である．エネルギーの域外依存度が非常に高いという特徴を有していることもあり，日本は1つの地域としている．生産，国際輸送，転換および需要を組み合わせて世界のエネルギー需給バランスを表現する定式化を行い，利用可能な技術オプション，エネルギー需要などの前提条件，CO_2排出量上限等の制約条件を加味した上で，世界全体のエネルギーシステムコストが最小になるようなエネルギー需給構造を探索・決定し，世界地域別のエネルギー需給，CO_2排出などの諸量が出力される構造になっている．

新しいエネルギー技術が，どのような条件が成立すれば導入されるかという分析にもエネルギーモデルを利用している．開発中であったり開発が見込まれる技術については，技術の成熟が進んでいないため，すでに利用されている競合技術と比較すると，コストが高かったり，効率が開発目標にまで達していないものが多い．既存技術と比較した場合，どの程度のコストや性能が満たされれば，新技術として競合できるようになるのかを検討することができる．

洞爺湖サミットに向けて準備された Cool Earth エネルギー革新技術計画の検討にも，GRAPE モデルのエネルギーモジュールが用いられた．温室効果ガス排出制約のない場合の世界全体の2050年頃のエネルギーの姿を，現状技術で固定した場合と，なりゆきの技術進歩があった場合の2つのケースについて試算し，その排出差分を既存技術による削減分とする．その上で，世界全体で今世紀中頃におけるエネルギー起源CO_2の発生量が現状の約半分という制約が課された場合の革新技術進展ケースを試算した．これらの3ケースの排出量を比較し，世界的に求められるエネルギー需給構造変化における，革新エネルギー・環境技術の寄与度についての分析を行った．革新技術には21の技術があり，これらの技術を，高効率火力発

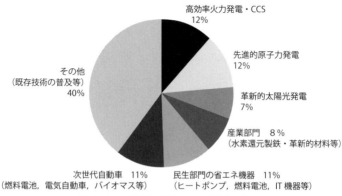

図 9.9 革新技術の CO_2 削減寄与度

電・CCS，先進的原子力発電，革新的太陽光発電，超電導送電，産業部門（水素還元製鉄・革新的材料等），民生部門の省エネ機器（ヒートポンプ，燃料電池，IT 機器等），次世代自動車（燃料電池自動車，電気自動車，バイオマス等），その他の 7 区分に分類し，CO_2 削減寄与を示したのが，図 9.9 である．対策の総動員が必要であることがわかる．

電気と同様に利用時に CO_2 を発生しない技術として，水素エネルギーが着目されている．大幅な CO_2 削減を達成するためには，エネルギーを利用する際に CO_2 を排出しないようにするエネルギーキャリアの低炭素化が必要である．それらのキャリアには，電気，水素があり，生育する時に CO_2 を吸収するという炭素中立性を仮定すればバイオエネルギーも含まれる．現在の水素は，化学産業や石油産業における原料として利用されているが，エネルギー利用としてのポテンシャルを検討することが必要である．そこで，モデルのエネルギーモジュールを，従来の枠組に含まれていた燃料電池に加え，水素大規模発電等を評価できるように拡張し，水素の利用可能性をより幅広く評価できるような取り組みも行っている．

9.4 気候変動を巡る取り組み

9.4.1 対策と効果の時間差

　その不確実性にもかかわらず，気候変動問題は，早急に取り組まなければならない問題である．なぜならば，いったん大規模な気候の変化が生じてしまえば，その変化は不可逆的なものとなり，それ以後は対策の打ちようがない事態となるからである．すなわち，影響が極めて大きなものと予想される場合，不確実性があっても早急に取り組むこと，これを，予防原則（precautionary principle）に基づいた取り組みと呼ぶ．

　先進国の集まりであるＧ８主要国首脳会議は，2009年のイタリアで開催されたラクイラ・サミットで，世界全体の平均気温の上昇が摂氏２度を超えないようにすべきとの科学的見解（いわゆる，２度目標）を認識し，2050年にはGHG排出量を半減すること，を合意した．

　気候変動は論争の多い問題である．その第一は不確実性である．気温の上昇が産業革命前と比較して２度を超えないことが世界的な目標と認識されているものの，気温上昇のレベルと影響の確率については，不確実性が多い．２度については，ノードハウスが1979年の論文で言及したのが始まりといわれており，２度の理由として①過去50万年間で２度を超えたときはない，②２度を超えると生態系が適応できなくなる可能性がある，③２度の気温上昇は後戻りできない危険な境界線を越えることにつながる，と説明される[iv]．IPCC報告書は，２度を超えると多くのセクターが影響を受け，かつ大規模な事象が発生する可能性が高くなるという評価を示している[v]．もちろん，これらの予測は不確実性の高いものであり，危険性の評価は最終的には社会的判断の問題になってくる[vi]．それを認識したうえで，予防原則の考え方で臨むことが必要である．

　気候変動の大きな論点の１つが，仮に今対策を行っても，その効果が見えるのが，ずっと先であるということがある．現世代が対策を講じたとしても，その効果が現れるのは，CO_2 等の寿命の長い温室効果ガス濃度の安定化に100〜300年，気温の安定化に数百年，海面水位安定化にさらに数

百年～数千年以上かかるとされている[vii]．したがって，現世代は気候変動対策の効果を実感することができない．これに対して，他の多くの環境対策は，オゾン層保護をはじめその効果が早期にわかることによって，合意が得られやすい．オゾン層問題では，コストを負担する世代と利益を享受する世代（オゾン層破壊による皮膚がんを防止できる）が同一であるので，対策の議論が進みやすい．

9.4.2 対策のスピードをめぐる論争

気候変動対策は長期間にわたって行う必要があることに加えて，効果が長期間にわたって生じることから，どのくらい早期に対策を行うべきか，という対策のスピードをめぐる論争がある．この論点の1つは，割引率をめぐる論争である．2006年イギリスのスターン氏（元世界銀行副総裁）は，イギリス政府の要請を受け，気候変動についての経済分析をまとめたレポートを公表した．その内容は，気候変動対策を早期に行った場合のコストは低く，気候変動対策を先延ばしした場合より大きなコストがかかるであろう，というものである．具体的には，早期に対策を実施した場合，コストはGDPの1％程度であるが，早期の対策を怠った場合は被害コストがGDPの5％以上になるであろうと述べている．これは，スターンレビューとして知られる存在になった．

スターンレビューは，結論として気候変動への早期の対策はコストが下がり便益が増えると述べており，その費用便益比率（対策に要する費用とその結果得られる便益（利益）との比率，この比率がいいことはその対策が有効であることを示す）は1：10とした．この数字は，ノードハウスが示した数字（1：0.5）よりかなり高い便益を示している．分析者によって，どうしてこのような違いが発生するのであろうか．実は，この差は，将来価値をどの程度割り引いて（価値を減じて評価するか）という見解の差による．このことを，簡単な例をもとに考えてみよう．現在1000円をもらうのと，一年後に1000円をもらうという選択肢があった場合，人々はどちらを選択するであろうか．ほとんどすべての人が現在もらうことを選択する

であろう．なぜなら，いま，1000円をもらえば，一年後には利子がついて，1000円以上の価値となるであろう．あるいは，一年後にもらうという約束は，何らかの理由でキャンセルされるかもしれない．つまり，一年後に同額もらうことは，価値が目減りし，かつ，受け取れないリスクも発生する．このように，将来の価値が目減りする場合，その目減りする割合を割引率という．例えば，現在1000円もらうことと一年後に1100円もらうことが同じ価値があるとする．その場合，利子率は10％とみなされる．逆に一年後の1000円の現在価値は，1000円×1/(1+0.1) であり約909円となる．この0.1が割引率である．すなわち，利子率をrとすれば，割引率もrで表される．

　この割引率の評価は，人によって異なる．将来に不安を覚えている人ほど，割引率を高くみなす傾向がある．

　スターンが割引率を年率0.001としている一方，ノードハウスは年率0.015とかなり大きな数字を用いている．つまり，スターンによる現在価値と将来価値の差はノードハウスよりも小さい．これは，将来価値が十分大きい＝対策効果が大きいことを意味する．スターンは，将来価値を高く評価していることになり，現在の対策コストに比べて，将来の便益が高く評価される．対して，ノードハウスは，将来価値を低く評価するので，将来の便益は現在の対策コストに比べて小さいことになり，気候変動対策の費用対効果は悪いという結論になる[viii]．不確実性が高いとみるならば，気温上昇を抑えるために貴重な財産を投じるより，その財産を水源管理，インフラの改善，技術開発などに回す方がより有効な対策となる[ix]．一方，将来世代と現世代の公平性を考えると，割引率はゼロであるべきという議論もあり，割引率に関する本質的な結論は出ていない．

　対策のスピードを巡るもう1つの議論は，将来の技術進歩である．もし，近い将来，気候変動にかかる革新的技術が開発され，対策コストが飛躍的に下がるのであれば，革新的技術が実用化されたあとで対策を行うほうが費用対効果は良くなる．こう考えると，コスト（費用）は，今の技術を利用した対策にかけるのではなく，革新的技術の実用化を促進するための研

究開発にかけた方がよいということになる．現在，再生可能エネルギーのようなコストが高い転換技術を大量に導入するには，大きな補助金や賦課金といった財政支出を必要とする．しかし，これらは将来，技術革新によって低コストでの導入が可能になるかも知れない．例えば，化石燃料対策の重要課題の1つとして，自動車燃料の転換があるが，現在電気自動車のコストはガソリン車よりもかなり高い．しかし，将来，電気自動車の核心である革新的蓄電池技術が開発されれば，コストは大きく下がることが期待できる．そうすれば，将来は，市場原理によって（追加的なコストなしで）電気自動車がガソリン車に代わっていくかもしれない．

9.5 パリ協定の成果と課題

9.5.1 パリ協定の概要

気候変動枠組条約第21回締約国会議（COP21）において，2015年12月12日に，世界各国は，パリ協定に合意した．パリ協定は，1997年の京都議定書に代わる2020年以降の新しい気候変動対策の枠組みを決めている．パリ協定の合意には，3つの主要な内容が含まれる．第一に，すべての国が自主的に自分の国の目標や行動の計画を策定して提出すること．第二に，これを5年ごとに見直して新しい計画を提出すること，第三に，産業革命後2度の温度上昇目標を目指し，さらに1.5度目標を目指して努力することになった．

パリ協定の重要なポイントは，世界のほぼすべての国が，対策の実施を行うことに合意したことである．1997年に合意した京都議定書は，先進国のみに義務を課す内容であった．これは，1992年に合意された気候変動枠組条約における，先進国と途上国の間での，「共通だが差異のある責任があること」という合意に基づいている．京都議定書は，まず，世界全体のGHG排出量の総量を決め，それを先進国（付属書I国）に削減率を割り当てる，トップダウン方式の国際合意である．京都議定書は先進国のみを削減対象としているが，これは，当時の世界の国別排出量を見ると理解で

きる．1997年の世界の排出割合と2010年のエネルギー起源CO_2排出割合を示したのが，図9.10，9.11である．これを見てわかるように，1997年には，アメリカが排出量全体の24％を占めて，先進国が6割を占めていた．他方，2013年には，中国が28％を占め，アメリカ16％，EU10％，インド6％と途上国の排出割合のほうが上回っている．付属書Ⅰ国のシェアは4割である．すなわち，今後の気候変動対策は，先進国の努力だけではできない状況である．

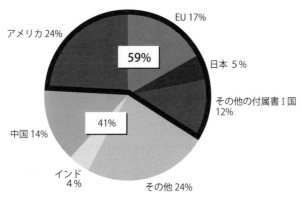

図9.10　1997年の世界のエネルギー起源CO_2国別排出割合
出典：IEA（2011）CO_2 emissions from fuel combustion

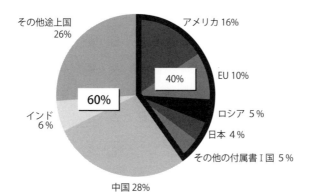

図9.11　2013年の世界のエネルギー起源CO_2の国別排出割合
出典：IEA（2015）CO_2 emissions from fuel combustion

COP21開催に先立つ形で，各国が自主的な排出削減約束（協定上は「貢献 Contribution」という）を提出し，会議終了後も提出が進んでいる．すでに161の国・地域が提出している（2016年3月25日現在[x]）．パリ協定自体は国際条約としての性格を有するが，各国が提出する排出量目標は自主的な目標とされているので，基準年，目標年，約束の仕方（総量削減，原単位改善，具体的な行動など）もすべて，各国の判断に任されることになっている．したがって，世界全体でどのくらいの削減になるのか，判定が難しい．COP21直前に気候変動枠組条約事務局が計算したところ，各国の約束の削減を足し合わせると，2030年には約36億トンの温室効果ガス排出となった．このレベルから2度目標の達成を満足するためには，2030年をピークとしてその後年平均3％以上の削減が必要である．

9.5.2 基準年と公平性

パリ協定では，基準年や目標年が各国の判断に任されることになった．これは，基準年をいつにするかで，各国の追加コストが大きく変わるからである．京都議定書は，1990年を基準年とした．これによって，欧州は，大きな削減が可能になったと言われている．欧州は，東欧との統合によって，東欧の旧式の設備を抱えることになったため，それらを廃止・改善することで，コストがかからず大きな削減を可能にした（EUバブルという）．これに対して，日本は，すでに1990年までに大きなエネルギー効率の改善を終えているので，革新的技術の導入に頼らなければ大幅削減は難しい状況であった．図9.12は，1990年近辺で，各国が削減した推移を示している．

これを踏まえ，アメリカは2005年比，日本は，2013年比という年を基準年に設定している．各国によって基準年が異なるというのは，各国が自国の削減率を高く見せたいという動機にすぎない．今後は各国の約束をめぐって，公平性や更なる削減率の上乗せの観点から約束の評価が行われる．その評価軸として，削減率や排出総量のみならず，排出量削減のためのセクター別の試みなどの指標を基にして，公平性の観点から比較分析を行う必要がある．

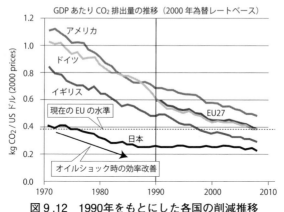

図 9.12　1990年をもとにした各国の削減推移
出典：IEA (2010) CO_2 emissions from fuel combustion

9.5.3　パリ協定の有効な実施

　今回のパリ協定は，加盟国が自主的に提出する約束をベースにしている．加盟国はその排出目標に向けた努力を行うことは義務づけられているが，強制力をもった遵守規定はない．通常の国際条約においては，加盟国の義務を規定し，加盟国が義務や合意を実施しない場合は，制裁という形で罰を受けるスキームがある．それが，義務や約束の拘束力となっている．しかし，パリ協定においては，約束は自主的なものであるので，制裁などの強制力のある措置は想定されていない．

　かわって，パリ協定においては，2年ごとに進捗状況を報告し，各国のレビューを受け，5年ごとに，新しい約束（貢献）を提出することとなっている（第4条）．また，各国は，信頼性のある情報を提供することが求められている（第4条）．このように，自主的な取組みにおいては，その信頼性を向上するための措置（約束の根拠となる情報の提供）と実施の確保のためのレビューの2つが極めて重要となる．

　さらに，長期目標に達する世界全体の進捗確認を行う，グローバル・ストックテイク（第14条）の条項が設けられている．2023年が初回であり，

《理論的説明》 参加者が協力する条件：社会規範と協力行動

経済学では，個人は利己的な存在として自分の便益が最大化になるよう行動し過剰消費を引き起こすことを想定している．これが，共有地の悲劇をもたらすとされた．すなわち，共有地においては，人々は自由に木材を伐採し，過剰消費が発生する．しかし，よく管理された共有地においては長期的に資源を維持できるような状況が数多く観察される．すなわち，ある管理された条件のもとでは，人々は短期的な利潤にとらわれない協力行動を行う．このような協力行動は，政府による強制措置や直接的な経済的メリットがない状況でも，人々や企業が現実的に省エネ活動を行っているという現実からも認識できる．

それではどのような条件で人は協力するのであろうか．人の協力行動については，囚人のジレンマ（プレイヤーが2人の場合），社会的ジレンマ（プレイヤーが多数の場合）の均衡問題として説明がなされてきた．この場合，協力行動は，同じゲームが繰り返し行われることで発生する．すなわち，一回きりのゲームでは，利己的行動に走るプレイヤーでも，繰り返しゲームを行うことにより，協力行動をとるようになる．なぜ，繰り返しゲームの場合は協力行動をとるかという理由に，協力を行わない場合，相手から制裁を加えられるという意識から行われるものであるとされる．しかしながら，こうした理論によって導き出された結果と実際の実験によって得られた結果はしばしば一致しない．実験では，制裁などの条件がなくてもプレイヤーは協力を始めることが観察される．このような乖離が起きる要因として，経済学が想定する個人の合理的な行動は，実際の行動とは異なると考えられる．そして個人は社会規範に基づいて行動するため，合理的人間とは異なる協力行動が生じる，として説明されるようになっている．

社会規範が成立する条件として，一般的な説明としては，個人は他人との間でレシプロ（相互主義）の関係があるとの前提に立って長期的利益を考える，という説明がなされる[xi]．そうすると社会規範が成立する条件はレシプロの強さと関係があることになる．そもそも，なぜ，個人は社会規範を尊重するのかを巡っては，いくつかの説がある．上記の，長期的な視点にたって構成員が協力するという仮説は最も一般的なものである．すなわち，短期的には利己的な行動によって利益を得られるが，長期的には協力によって得られた利益が短期的利益を上回るからである．別の仮説は，社会規範を守るということで，善良な主体者であるというシグナルを送るというものである[xii]．これは，善良な主体者であることを他者にアピールする

ことにより，他者からの協力行動を含む利益を得ようとするものである．シグナルに着目するのは，自分が協力行動をとるということを示さないと他人も協力行動をとらないからともいえる．このような仮説は，人々や企業の社会規範にとってよくあてはまるであろう．国に置き換えれば，世界における国の責任ということになる．特に欧州は，環境問題でリーダーシップをとりたいという気持ちが強く，アメリカは安全保障分野でリーダーシップを取りたいという気持ちがある．これが，欧米の気候変動問題への熱意の差になって表れる[xiii]．これは，プレイヤーの行動には評判や信用が大きな影響を及ぼすというモデルで説明される[xiv]．

　その後5年おきに見直しがある．
　自主的な行動を基盤とするパリ協定の行方は，長期目標に向かって加盟国が協力して約束を実施していくかにかかっている．加盟国間の協力がどのような場合に円滑に進むかについては，経済学の協力ゲームと心理学の社会規範論が有用な示唆を与えてくれる．制裁などの法的なルールが整備されていなくても，構成員であるプレイヤーは，属する社会の暗黙のルールを守ろうとする，すなわち，社会規範を守ろうとする，と言われる．ただ，この社会規範の前提として，構成員の義務の公平性，平等性，相互信頼などが存在することが必要といわれている．逆に言えば，公平性，平等性，信頼性が欠けた場合，社会規範は崩壊する可能性がある．公平性，信頼性の重要性は，パリ協定の合意前にアメリカやEUなどの国々が強く主張し，パリ協定においては約束の提出に際し，環境の保全，透明性，正確性，完全性，比較可能性，整合性を促進すべきことがうたわれている（協定第4条13項）．

9.6　気候変動対策の実際：排出権取引と炭素税

　気候変動問題の難しさは，関係する企業や事業体が多岐にわたり，その対策の方法もさまざまであることである．しかも，すでに述べたように途上国における対策が重要であるので，コスト効果がよく，合理的な方法で

表9.1 各種対策の比較

	メリット（社会）	メリット（効果）	デメリット（社会）	デメリット（効果）	必要な前提
炭素税	税率が安定し，負担が予測可能	社会全体の参加を得ることができる	削減量を確保しようとすると高率の税率が必要	削減量の予測が難しい	価格の影響力が大きい
排出量取引	取引によって費用最小化を図れる	排出総量の設定が明確	初期割り当ての算定が難しい	排出権価格が変動し，削減につながらない可能性	競争的な市場の存在
自主的取組	企業にとってインセンティブが高い	費用対効果の高い対策が実施される		参加しない者が発生．実施の担保が難しい	社会と企業との信頼
規制的方法		削減の確実性	網羅的に規制することが難しく，不公平感がある	排出削減費用が過大になる可能性	政府の情報信頼性

あることが必要である．

　気候変動対策は，二酸化炭素をメインとする排出規制であり，二酸化炭素は化石燃料エネルギーを直接または間接に使う，事業所，家庭，交通など人間のあらゆる活動において発生する．これらの活動自体をすべて規制するのは不可能である．このような状況で，CO_2の発生者や関係者に削減をしてもらうにはどうしたらいいであろうか．このための対策として，炭素税，排出権取引制度，自主的取り組みなどが提案されている（表9.1）．炭素税とは逆にエネルギー価格を補助金で下げる政策もとられている．これらの政策は，世界の国々で採用されているが，欧州連合（EU）が排出権取引の導入を行っているほか，炭素税はそれぞれの国で行われている（図9.13）．炭素税，排出権取引，自主的取組がどのような課題をかかえているのか，見ていこう．

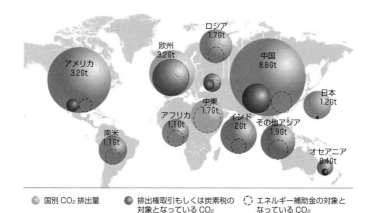

図9.13 エネルギー起源CO_2の地域別排出（口絵3参照）
出典：IEA（2015a）Special report on energy and climate change

9.6.1 炭素税

炭素税は，温暖化防止対策税ともいい，二酸化炭素を排出する化石燃料に課税することによって，それらの使用量を減らしたり，他のクリーンなエネルギーに変えたりすることを狙っている．実際に，炭素税はその名称は異なるにせよ，何らかの形でエネルギー課税として世界各国で導入されており，日本においては，二酸化炭素の排出量が多い石炭，石油，天然ガスが課税されている．経済活動全般に影響を及ぼすことができるので，欧州の各国は炭素税の課税強化を強く主張している．欧州では，国内の経済活動において課税しているほか，航空機の移動や海運など国境をまたぐ活動にも課税することを主張している．炭素税は，このように広く対策を実施でき，税という手段で人々にアナウンス効果が期待できる．また，後述するように排出権取引では価格が不安定であるのに対し，税額は一定であるので，価格の安定性があるということがある．

逆に炭素税の欠点としては，2つある．第一に，気候変動に有効な対策として，エネルギーの消費量を減らすには，相当な金額の税金をかける必要があるということである．現在，IEAの試算（IEA, 2015b）では，2030年の炭素税は，CO_2トンあたり一万円近い課税をする必要がある[xv].

これは，現在の石炭火力コストを数十％引き上げることを意味する．このような価格水準であれば，石炭燃焼のCO_2をほぼゼロにすることができる技術として現在考えられているCCSの導入も可能となる．ただし，今のエネルギー価格の大幅な引き上げが，社会的に許容できるのか，難しい問題である．途上国において，エネルギー価格の引き上げは，貧困層の生活コストの上昇に直結する課題であり，政治的に，極めて困難な課題である．例えば，2007年に起きたミャンマーでの僧侶の反政府運動のきっかけも価格の引き上げであったし，2013年にインドネシアで起きた反政府デモもエネルギー価格の引き上げであった．途上国において行われているエネルギーに対する補助金は，無駄なエネルギーの消費を増加させているとして，削減が要請されている．IEAの試算では，こうしたエネルギーに対する補助金の撤廃によって，当面の気候変動対策の12％をカバーできると試算している[xvi]．したがって，まず，エネルギー補助金の削減に注力していく必要がある．

　第二の問題は，価格を上げても，エネルギーが必需品であれば，使用量を減らすのが難しいことである．これは，需要の価格弾力性（第8章，解説参照）が低い状況で生じる．需要の価格弾力性は，対象によっても異なるし，地域によっても異なる．例えば，エネルギー課税が先進国では効果があるが，途上国では効果が薄いことが観察される．これは先進国では削減可能なエネルギー使用があるが，途上国ではエネルギーは必需品として，価格による需要の変化が小さいためである．また，他のクリーンエネルギーに変えようと思っても，設備投資や制度的な問題によって，簡単には，転換できない場合がある（制度の経路依存性）．こうした場合は，消費者は価格の引き上げに大きな抵抗を示すであろう．加えて必需品に対する税には，貧しい人ほど負担割合が大きくなるという逆進性が発生する．この問題は，炭素税を貧しい人の省エネ投資補助に使うなどの社会的還元によって解消することが可能である．

　このような場合，代替財の提供が重要となろう．途上国においては，エネルギー源の選択肢が少ないため，このような代替財の提供を積極的に行

う必要がある．炭素税には，価格の安定化と一律に削減効果をもたらすというメリットがある．他方，実体的な化石燃料の削減に結びつくようなレベルの税額の導入は実際には難しいし，実現可能で有効な削減に結びつく税のレベルの算定が難しい．すなわち，炭素税を導入しても，その結果，どの程度 GHG の削減につながるのか，正確には見通せないという問題がある．

9.6.2 排出権取引

排出権取引は，二酸化炭素の排出事業者に排出量の制限をかけ，それを満たすために，排出量の取引を事業者間で行うという制度である．これによって，排出に係るコストが高い事業者は，排出に係るコストが低い事業者から排出量を購入することができるので，全体で排出コストを均等化し全体コストを低減できるという制度である．また，排出者に対して，排出量の総量の上限を決め削減していくので着実に排出削減量がわかる．

世界では，欧州のほか，アメリカや中国の一部，韓国，日本の東京都などで導入されている．しかし，この制度の課題は，価格の変動が大きいことである．欧州では，初期割り当てを行った後，景気後退によって全体の排出量が減ってしまい，取引を行う事業者が減少し，取引価格が数百円／CO_2 トンと非常に低い価格になっている．EU-ETS（欧州の排出権取引制度，EU emission trading scheme）は2005年から始まったが，特に2013年は EU-ETS にとって受難の年であった．炭素価格は非常に変動しており，特に2011年からは価格が暴落している．2013年からは，数ユーロ／CO_2 トンになっている．このような暴落は，欧州の不景気により排出権の買い手が少なくなったこと，海外から過剰な排出権が流入したことなど，いくつかの要因がある．排出権市場は，いったん景気の変動や，外部要因が発生すると市場が大きく変化することがわかった．この様な状況から2013年には，EU 委員会は，余剰排出権の削減を行った．ちなみに，中国やカリフォルニアでは，フロアプライス（下限価格）をもうけて，炭素価格を統制しており，価格の乱高下を防いでいる．このため，カリフォルニアの価

格は4月で13.62ドルであり，欧州価格より3倍も高い．この状況では世界的な市場の統合は困難であろう．

　また，排出権の初期配分をどのように行うかが非常に重要なポイントとなる．これには，無償割り当て方式とオークション方式があるが，いずれにせよ，政府の市場操作が入り込む．欧州では，初期配分を無償割り当て方式で行ったが，その後景気の停滞で排出権が余剰になってしまったことが価格暴落の1つの原因である．他方，韓国では初期の排出割当計算を政府が行ったあと，景気が上向き排出量が増えたことから，多くの産業界で予想以上の大幅な排出削減を行う必要が生じ，混乱が生じている．しかも，どの業種も削減量が多いことから，排出権を売りに出す事業者がいないという状況が生じている[xvii]．このように，排出権取引は初期割り当てを適正に行うときに，業種ごとの将来の排出量を見積もらなければ，業種間の公平性や需給のバランスが保てない．そして，もし，政策が公平さや公正さを欠く場合は，そのような不公正さは社会的に大きな抵抗を受けることになってしまう．

9.6.3　自主的取り組み

　気候変動問題のような不確実性の高い問題については，強制的な政策ではなく，事業者の自主的な取組が有効な方策として考えられる．IPCC報告書においても，自主的な取組は，環境税や排出権取引と並んで，重要な政策として記述されている．

　自主的な取組は，日本やアメリカで実施され，イギリスなどでも導入されている．日本では，経団連が中心となって『環境自主行動計画』を策定し，電力業界は「電気事業低炭素社会協議会」を設立し電気事業者の地球温暖化対策の実行計画の進捗状況の確認等を行っている．

　自主的な取組の問題点は，実施を担保する手段である．自主的な取組には通常罰則が科されないし，その実施の監視も難しい．事業者がどの程度削減を行うかは事業者に任されているので，事業者間の取り組みに差が生じる可能性がある．したがって，第三者機関によって，業界別のガイドラ

インを作成し，その実施計画を評価し，実施状況を監視するなど，適正かつ公平な実施の確保に向けてのスキームを構築することが不可欠である．経団連の環境自主行動計画では，業界団体が加盟各社の計画を取りまとめ，さらに経団連が全体の取りまとめを行う．行動計画は，政府の審議会で第三者審査が行われるというスキームとなっている．

　自主的取組のインセンティブは，なんであろうか．企業にとっての社会的責務に加え，アナウンスメント効果も重要な意味を持つものと思われる．アナウンスメント効果とは，ある行為を行うこと，宣言することによって社会的評価を得ることである．つまり，一種の広報活動であり，したがって，この効果を高めるためには社会的にアピールする取り組みが有効である．

　このように，どの対策も決定的に好ましいというものはない．そこで，いくつかの政策を組み合わせてより効果的な方法とすることが考えられる．これがポリシーミックスである．

　イギリスは気候変動税と自主取組のポリシーミックスである．イギリス気候変動税は，2010年に導入された．ただし10年間の排出削減を自主的に行う企業にあっては，税の減免を行う政策をとっており，より自主的な取組を促進するような仕組みになっている．このように，いくつかの政策を組み合わせることで，政策の有効性をより高めることができる．

注

i　各国が国連気候変動枠組条約に対して報告しているのは，二酸化炭素（CO_2），メタン（CH_4），一酸化二窒素（N_2O），HFCs（ハイドロフルオロカーボン），PFCs（パーフルオロカーボン），六フッ化硫黄（SF_6），および三フッ化窒素（NF_3）の7種の温室効果ガスの排出量．HFCsやPFCsは，1種類のガスではなく，様々なガスの総称である．その他にも多様な温室効果ガスがあるが，ここでは説明を省略する．

ii　気候モデルは，気候を構成する大気，海洋等の中で起こることを，物理法則に従って定式化し，計算機（コンピュータ）の中で擬似的な地球を再現しようとする計算

プログラム．気候モデルでは，世界全体を網の目に区切り，その格子点ごとに気温，風，水蒸気の時間変化を物理法則（流体力学，放射による加熱や冷却，水の相変化など）に従って計算することにより，将来の気候変化を予測する．日々の天気も基本的にはこれと同じ手法で予測しているが，気候の将来予測は100年を超える長期間を対象とするので，熱を長期間蓄積する海洋の流れや，海洋と大気の熱，水，運動量のやりとりが重要となってくる．このため，これらをうまくコンピュータの中で再現することが必要で，これまで多くの力が注がれてきた．気候モデルを使って，人間活動に伴う温室効果ガスや微粒子（エアロゾル）の濃度を変化させると，将来の人為起源の気候変化が予測できる（以上，気象庁 Web ページ）．

http://www.mri-jma.go.jp/Dep/cl/cl4/ondanka/text/3-1.html

iii　もともとの関係式は IPCC 第1次報告書の CO_2 の放射強制力の関係を示したもの．産業革命前の CO_2 濃度278ppm については，異なった値が用いられることもある．

iv　ウイリアム・ノードハウス（2015）

v　IPCC 第五次評価報告書（統合報告書）p.17-19

vi　IPCC 第五次評価報告書（WG2）p.1047

　　https://mail.google.com/mail/u/0/#inbox/153c019a23b07a8d?projector=1

vii　IPCC 第三次評価報告書（2001）

viii　Kolstad（2010）

ix　ウイリアム・ノードハウス（2015）

x　気候変動枠組条約 Web ページ

　　http://www4.unfccc.int/submissions/indc/Submission%20Pages/submissions.aspx

xi　藤田・松村（2008）社会規範の法と経済，ソフトロー研究, 1, pp.59-104.

xii　Posner（2000）

xiii　亀山（2010）

xiv　渡辺（2008）

xv　IEA（2015b）

xvi　IEA（2013）

xvii　金星姫（2016）韓国の排出量取引制度の現状と今後の課題，第32回エネルギーシステム・経済・環境コンファランス．

問題

1. 気候変動対策は，誰がどのような対策を行うべきか，次の意見に対して考えてみよう．
   ① 温暖化は産業革命以来の先進国の活動による責任だ．だから先進国が責任を負うべき．
   ② 今後の排出量は途上国の方が多く，先進国はすでに対策を行っているので，途上国がより積極的に行うべき．
   ③ 先進国も途上国も相応の責任を有するが，途上国と先進国の責任は差があってよい．
   ④ より費用対効果の高い対策を行うべきであり，国による差をつけるべきでない．
   ⑤ 現状の対策では，限界があるので，革新的技術の開発に注力すべきである．
2. パリ協定の課題を挙げ，それをどのように改善できるか，考えてみよう．
3. 排出権取引と炭素税の，それぞれの長所と短所を考えよう．

参考文献

石本祐樹・黒沢厚志・笹倉正晴・坂田興（2015）「世界及び日本における CO_2 フリー水素の導入量の検討」日本エネルギー学会誌, vol. 94, 170-176.

ウイリアム・ノードハウス（2015）『気候カジノ　経済学から見た地球温暖化問題の最適解』日経BP社.

経済産業省（2008）Cool Earth — エネルギー革新技術計画.

亀山康子（2010）『地球環境政策』昭和堂.

渡辺隆裕（2010）『ゲーム理論入門』日本経済新聞社.

IEA（2013）*Special Report on Climate Change*.

IEA（2015a）*Special report on energy and climate change*.

IEA（2015b）*World Energy Outlook*.

IPCC WG1（2007）第4次評価報告書.

IPCC WG1（2013）第5次評価報告書.

IPCC WG2（2014）第5次評価報告書.

IPCC WG3（2014）第5次評価報告書.

Kolstad, C. D.（2010）*Environmental Economics*, Oxford University Press.

Posner, E. A.（2000）*Law and Social Norms*, Harvard University Press.

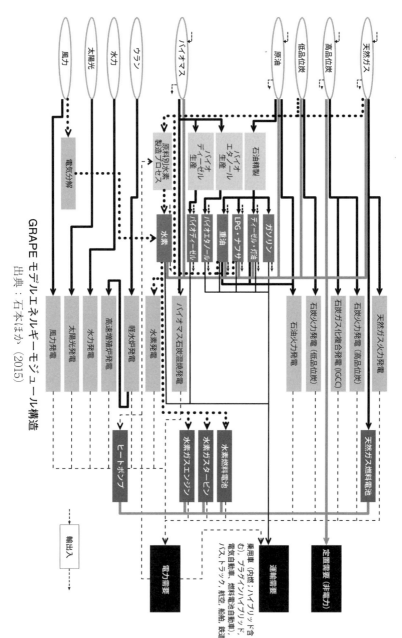

GRAPE モデルエネルギーモジュール構造
出典：石本ほか (2015)

第10章
将来の課題

 2015年に国連は,持続可能な開発目標(SDGs, Sustainable Development Goals)を発表した.17の目標があるが,そのうち目標7は「すべての人に手頃で信頼でき,持続可能かつ近代的なエネルギーへのアクセスを確保する」であり,現在でも世界で5人に1人が電力にアクセスできない状態であることを指摘している.当面の課題の1つは,安価で信頼できるエネルギーが安定的に利用できるようなインフラストラクチャーの整備である.また,目標13は「気候変動とその影響に立ち向かうため,緊急対策をとる」としており,適応能力拡大を訴えている.

10.1 持てる者と持たざる者 地政学的要因と資源の偏在

 エネルギー資源の賦存量は,枯渇性資源である石油,石炭,天然ガスおよびウランなどについては,基本的に地理的立地や地質構造に依存する.また,再生可能資源である水力,バイオマス,地熱,風力,太陽および海洋などの賦存量も,地理的状況や気象条件に依存する.そのどちらをみても世界の各地域には,大きな差異がある.

 そのため,世界的にみてエネルギー資源は地域的に偏在している.その点において,すでに大きな格差があり,人間活動を行うための条件として平等になっていない.過去の事例をみても,エネルギー資源,特に石油を巡って,戦争や地域紛争が起こったことが数多くある.エネルギーを「持てる者」が同時にパワーを持っていないと,他のパワーを持っているもの同士で,その地域の奪い合いが起きたり,勝手に国境線が引かれて分割さ

れたりした．

　ペルシャ湾の出口であるホルムズ海峡や，インドネシア，マレーシア，シンガポールの間にあるマラッカ海峡は，それぞれの幅が数キロメートルしかなく，原油輸送のチョークポイントと呼ばれており，中東産の原油の多くがその2つの海峡を経由して日本に運ばれている．今後のエネルギー情勢の鍵を握る中国は，石油を含めた資源確保のためアフリカへの国際援助を大幅に増やし，同時に，ミャンマー経由でマラッカ海峡を通過せずにガス・石油を中国国内に輸送できる国際パイプラインを建設，稼働させるなど，着々と手を打っている．

　今後数十年程度は新興国や途上国を中心として，世界的なエネルギー需要が伸びる傾向は継続すると予想されており，生産や輸送ルートなど，エネルギー資源を巡る国家間の葛藤は続くだろう．また，アメリカにおけるシェールガスやシェールオイルの生産など，従来，大量に開発できないとみられていた非在来型資源が，技術開発により在来型の資源と競合できる経済的な価格帯で利用できるようになったことにも留意すべきである．それでは，日本のような「持たざる者」はどうすればよいのであろうか．供給国の多様化，生産権益の確保，生産国への多様な側面からの協力，輸送ルートの安全などの行動をとることに加えて，自国にある再生可能エネルギー資源やメタンハイドレートのような非在来エネルギー資源の有効活用を進めることや，域外から得られた資源を新しい利用技術を含めて効率的に利用することなど，技術的な側面からのアプローチも当然ながら必要になってくる．

10.2　気候変動と持続可能なエネルギーシステム

　気候変動は世界的な大量エネルギー利用の結果であることは前述の通りであるが，これに対応した二酸化炭素などの温室効果ガスの排出抑制を進める（緩和）と同時に，気候変動が水，農業やエネルギーシステムに与える影響に対応する（適応）ことも重要である．

例えば，気候変動によって水循環が大きく変わり，現在，水ストレス（水供給に対する逼迫の程度）がそれほど多くない地域においても，渇水頻度が増すことも予想される．水の不足は，エネルギー供給にも影響を与える．例えば，発電における水の利用である．水力発電では，ダム式，自流式のどちらにしても，水の持つエネルギーを用いて電気エネルギーを発生させており，降雪，降水の変化は，その発電ポテンシャルに直結する．また，火力発電や原子力発電はその冷却に水を利用する．日本の場合は大型の発電所は海沿いに立地していることが多いので海水を利用したシステムが組めるが，国によっては内陸立地が多い場合もあり，立地地域の水ストレスに影響を与える可能性が指摘されている．また，水温が上昇すると，一般的に火力発電や原子力発電の発電効率は低下する．需要面においても，冷暖房需要などは，気候変数と需要に明確な関係があることが知られている．気温が上昇した場合は冷房需要が増加する一方で，暖房需要は減少するだろう．前者は世界の電力需要を増加させ，後者は化石燃料利用の減少要因となる．

　また，気候変動が土地利用や食糧生産に与える影響は大きい．CO_2濃度の上昇は光合成効率を向上させるので，穀物の収率を上昇させる（肥沃化効果）といわれているが，他方で，風水害，異常高温などの異常気象発生頻度の増加，病害虫被害の増加を指摘する意見もある．温度上昇そのものに対する影響は，穀物による違いがあるなど，影響がどのように及ぶかはまだよくわかっていない．食糧生産を目的とした農地と，目的生産型の大規模バイオエネルギー利用のための土地は，その利用において競合している．人口増加による食糧需要増加，気候変動対策としてのバイオエネルギーの需要が増加する可能性は，問題を複雑化している．

　これらの諸課題は，最近では，エネルギー・水・土地利用・食糧のネクサス（連関）という概念として話題となっている．世界の人口は現在，約70億人であるが，国連の中位予測によれば，今世紀中葉には100億人に近づくとされており，気候変動と持続可能なエネルギーシステムへのプレッシャーはますます大きくなることが確実である．

10.3 社会制度とエネルギー

　第3章で述べたように，できあがってしまったネットワークの排他性や，供給施設の大規模化による供給コストの低下などを原因として供給の自然独占状態が生じやすい．売手独占となった状態で価格を自由にしておくと，公共の利益を損なう可能性があるので，過去の石油，電力，都市ガスなどのエネルギー価格は認可制であった．日本における価格に関しては，石油はすでに自由化，電力は移行期間にあり，ガスは2017年以降自由化されることになっている．次節で述べる柔軟なエネルギーシステムのためには，電力料金制度もそれに対応したメニューに変更していく必要がある．

　今後のエネルギーの変化には技術と制度インフラがキーとなる．しかし，この両者は別々に存在するものではない．例えば，燃料電池自動車の普及には水素ステーションの整備が必須である．しかし，既存の法体系が水素ステーションの本格的運用を想定したものではなかったため，高圧ガス保安，消防，建築基準，都市計画などの関連法規の見直しが行われた．その結果として，高圧タンク利用による燃料電池自動車の航続距離拡大，ガソリンスタンドとの併設，公道とディスペンサー（ガソリンスタンドでの給油装置に相当）距離短縮などが可能となり，水素ステーション設置の障害の一部が克服されている．これらの措置の一部には技術開発によって可能になったものがあり，制度は単独で存在するのではなく，技術水準に合わせて随時見直すことが必要であることを示す例といえる．

10.4 柔軟なエネルギーシステムの構築　供給と需要の統合

　これまで需要側にあわせて供給側で実施してきたエネルギーマネージメントを，これからは需要側でも行うことが増えてくるだろう．このような需要側でのエネルギーマネージメントシステムは，業務用ビル，工場，家庭などで個別に導入されつつあるが，それらを地域全体でのエネルギーマネージメントシステムとして統合しようという動きもある．その効果を見

るためのプロジェクトとして，2010年度から2014年度にかけて，政府主導により，日本の4地域（横浜，豊田，けいはんな，北九州）において情報通信技術を利用して運輸，家庭，オフィス，工場などの需要と分散型エネルギー資源を組みあわせ，多くの関係者が参加して，スマートコミュニティ社会実証として実施された（8.6.2参照）．

社会実証では，地域によって取り組みは異なるが，ネットワーク内にある蓄電装置を仮想的に統合する「バーチャルバッテリー」，燃料電池共有，大規模ビルでのエネルギーマネージメント，電気自動車充電，小規模太陽電池から系統への電力供給などを行った．また，快適性を保った状態を維持しつつ機器の電力需要を制御することや，蓄電池，燃料電池の運転の調整・制御や水素エネルギーの活用，さらには電気料金を上昇させた場合の電力需要抑制効果をみるデマンドレスポンス実験も行われた．

これらの取り組みは，要素技術やシステム構築ノウハウの習得には有効であるが，公的支援がない状況でも持続的にスマートコミュニティが普及するためには，エネルギー需要家（家庭，業務，産業），自治体，プロジェクトコーディネーター，エネルギーサービス供給事業者，情報通信事業者を巻き込むための「利害関係者の参加動機づけ」，初期投資が回収でき，エネルギーやCO_2削減以外の付随的便益が適切に評価される「ビジネスモデルの確立」，料金，需要集約，エネルギー取引などの「制度整備」，熱・水素などの非電力エネルギー，交通情報や水供給などの非エネルギー需要も考慮し，電気以外のエネルギーキャリアやエネルギー以外の情報キャリアをも組み合わせた「エネルギーおよび情報のマルチキャリアの組み込み」が課題となる．

10.5　新しいサービスの出現とエネルギー

当初は研究者用の情報交換インフラだったインターネットの商用利用は，人間の生活を大きく変え，今後も変えていくだろう．物やサービスを「探して比較する」行動に要する時間とコストは，過去と比較して大幅に低く

なった．すでに Amazon.com や楽天市場などに代表されるオンラインショッピングは日常のものとなり，買いたいものが決まっている場合には，実店舗はショーィウィンドウ化しつつある．ただし，時間のある時に本屋や CD ショップをぶらついていると，興味深い本や CD を見つけることもあるので，趣味性の高い商品や特殊用途製品については，店舗の役割がなくなることはしばらくの間はないだろう．このような情報量の爆発は，データセンターなどの電力需要を増加させるとともに，情報機器から発生する熱を冷却するためのエネルギーの両方が増えていくだろう．

また，消費者と生産者の直接取引も可能になり，消費者が場合によっては生産者に変身するプロシューマー（prosumer）が出現した．そのサービスについては賛否両論があるが，自動車配車サービスである Uber や，民泊を含む宿泊施設サービスである Airbnb のサービスが開始されている．基本はサービス利用者と提供者が，相互評価を行うことで質を確保する仕組みである．エネルギーの世界でも，分散型電源を保有する需要家が，電力系統に電力を流すことで生産者を兼ねることができるので，同様のことが起こっているが，分散型電源を接続することの価値をうまく評価できる仕組みはまだできていない．

運輸サービスは「人や物の移動」であり，徒歩や自転車を除けば，自動車，トラック，バス，船，飛行機などの利用を通じてエネルギーを消費している．観光地などの情報が簡単に調べられるようになると，遠くの世界遺産に行ってみたいなどの，直接現地に行きたい欲望は刺激されるだろう．また，逆に，仕事の場合は，直接行かなくても済ませられる用事はネットワーク経由で済ませるようになることも増えるだろう．このように，人の移動に関しては増加と減少の両方の要因があるが，経済活動の活発化によりグローバルな物流は増えていくと考えるのが自然である．

移動ニーズに伴うエネルギー消費に大きく影響するのが，自動運転である．現在の自動運転のテストは，既存の車体を改造したもので行われていることが多いが，本格的な普及時期が来ると車の設計そのものが変わってくるだろう．人間が運転するより自動運転のほうが安全と考えられるので，

現在と同程度の安全を確保するために必要な車体サイズは小さく軽量になり，その結果燃費も向上して，交通流制御と組み合わせれば渋滞も減ることが予想される．また，特に都市部では，自動車を保有する必要がなくなり，いままで自家用車を用いていたような場面でも，自動運転車を呼び出して自分が移動するか，実店舗にいる自分の分身（アバター）が買い物などのサービス自体を含めて代行するような世界が来るのかもしれない．

この例は，将来の移動手段に関する社会選択の一例にすぎない．生活，産業においても，どのようなライフスタイルが選択され，どのような物やサービスの生産が必要となっていくかで，エネルギーの利用形態は大きく変わっていくだろう．

問題

1. エネルギーを持たない国が，どうやってエネルギーを確保して使っていくのが望ましいか考えてみよう．
2. どのような条件が整えば，持続可能なエネルギーシステムが実現するか考えてみよう．
3. 50年後のエネルギーの使い方は，現在ない新技術によってどのように変わっているか考えてみよう．

おわりに

　この本のコンセプトは，2009年に始まったエネルギーベストミックス研究会に参加していただいた多くの研究者の方々，エネルギー関係企業の方々からのアイデアが，下敷きになっている．特に，森田裕二氏（元日本エネルギー経済研究所）を始め，浅野浩志氏（電力中央研究所），大野栄嗣氏（トヨタ自動車），橘川武郎氏（東京理科大学）との議論からは多くの示唆をいただいた．2011年からは九州大学エネルギーベストミックス研究会における議論でも，数多くの刺激的なご意見をいただいた．エネルギーベストミックス研究会を提案し，支援をいただいた小川滋氏（九州大学名誉教授），永島英夫氏（九州大学先導物質化学研究所）に感謝したい．また，著者らが行なってきた講義を受けた学生の皆さんとの議論や質問によって，本書に盛り込むべき内容が充実した．このほかにも，大勢の方々のサポートによってこの本はできている．

　この本ができるまで，非常に多くの方々にお世話になった．本書の出版を勧めていただき，原稿に目を通していただいた工藤和彦氏（九州大学名誉教授）には大変お世話になった．原稿の段階では，同僚の田代安彦氏（福岡大学），牧野啓二氏（石炭エネルギーセンター），浅野浩志氏にも該当箇所を見ていただき，間違いをご指摘いただいた．もちろん，本書のいかなる誤りも著者の責任である．また，学生の森大建さん（九州大学経済学府）には文系の観点から，住吉栄作さん（九州大学総合理工学府）には理系の観点から読んでもらい，両氏の指摘によって本書の読みやすさが格段に向上した．大塚徳勝氏には出版についてご支援をいただいた．最後に，著者らの遅い作業や変則的なお願いにも拘らず，終始お世話になった，共立出版の佐藤雅昭さん，野口訓子さんにお礼を申し上げたい．

　　　　　　　　　　　　　　　　　　　著者を代表して　堀　史郎

索　引

■ 英字

CCS, 75
COP, 157
EU-ETS（欧州の排出権取引制度）, 205
FIT（固定価格買取制度）, 116
LNG, 80
LPガス, 44
MOX燃料, 90
NAS電池, 53
RPS制度（導入量義務付け制度）, 117

■ あ行

安定供給, 4, 13, 18, 52, 54
アンバンドリング, 47

一次エネルギー, 21
一般ガス事業者, 43
インセンティブ方式, 173

エネルギーアクセス, 28
エネルギー基本計画, 7
エネルギー源の多様化, 18, 65, 152
エネルギーシステム, 190
エネルギー節減, 156
エネルギーの効率化, 156
エネルギーの節約, 156
エネルギー変換技術, 21
エネルギー補助金, 204
エネルギーマネジメント, 138
エネルギー密度, 119

オイルサンド, 63, 64
オイルシェール, 63, 64
欧州加圧水型炉（EPR）, 35
温室効果ガス, 88, 115, 150, 169, 178, 179, 181, 182, 183, 186, 188, 189, 190, 191, 193, 198, 212
温室効果ガス排出シナリオ, 183
温暖化防止対策税, 203
温暖化ポテンシャル係数, 188

■ か行

加圧水型, 91
外部不経済, 27
核燃料サイクル, 87, 108
核不拡散体制, 89
核分裂, 87
核融合, 93
確率論的リスク評価（PRA）, 97
可採年数, 62
ガス事業法, 4
ガス市場, 78
ガスの取引市場, 77
化石燃料, 5, 59
褐炭, 72
間接排出, 186
緩和, 183

気候感度, 186
気候変動に関する政府間パネル（IPCC），

178, 182, 183, 188, 193, 206
気候変動枠組条約, 9, 179, 190, 196, 198
供給義務, 4, 42
京都議定書, 179
協力ゲーム, 201

クラブ財, 5
グリッドパリティ, 143, 147
クリティカルピークプライシング, 173

計画停電, 2, 42
軽水炉, 90
系統運用者, 47
系統制約, 132, 134
系統電力, 137
経路依存性, 27, 204
現在価値, 195
原子力規制委員会, 98
原子力発電の安全性, 6, 94, 99
原子炉圧力容器, 91
原油価格, 3, 66
原油連動価格, 79

高温岩体発電, 127
公共財, 4
高速増殖炉, 91
高レベル放射性廃棄物, 87, 109

■ さ行
再処理, 106
サンシャイン計画, 128
残存簿価, 87

シェールオイル, 9, 64
シェールガス, 7, 80
自主的取り組み, 202

自主的な目標, 198
自然独占, 49
自発的リスク, 102
シビアアクシデント, 7, 96, 98
社会規範, 172, 201
社会的合意形成, 110
社会的受容性, 87, 111
社会の費用, 147
集光型太陽熱利用（CSP）, 120
私有財, 4
重質油, 64
周波数, 53
充放電効率, 141
需給調整契約, 174
需要の価格弾力性, 171
省エネ, 154
省エネ診断, 161
省エネバリア, 169
省エネ法, 158, 161, 165
蒸気機関, 17, 20
使用済み核燃料, 108
将来価値, 194
新エネルギー, 130
新規制基準, 7, 98, 100

水素エネルギー, 192
水力, 32, 127
スマートコミュニティ, 174
スマートメーター, 174

生産者余剰, 131
石炭ガス化複合発電（IGCC）, 74
石炭火力, 70
石炭消費, 69
石油価格, 66, 68

石油業法, 44
石油ショック, 2, 65, 169
石油備蓄, 4, 65
接続可能量, 135
節電, 165
設備利用率, 119

総括原価方式, 42
送電線容量, 122

■ た行

代替財, 47, 172, 204
ダイナミックプライシング, 170
代表的濃度経路（RCP）, 183
太陽光, 118
太陽定数, 180
託送, 50
炭素価格, 147
炭素税, 202, 203
断熱, 157

地域間連系線, 42, 54
地域独占, 47
チェルノブイリ原発事故, 88
蓄電池, 53, 134, 140
地政学, 5
地熱, 126
調整電源, 132
超々臨界圧発電（USC）, 71
チョークポイント, 65
直接処分, 108

低線量被ばく, 101
適応, 182
デマンドレスポンス, 6, 172

電圧変動, 136
電気事業法, 4, 48
電気自動車, 151
電源脱落, 107
天然ガス, 19, 77
電力系統, 41
電力広域的運営推進機関, 48
電力構造改革, 42, 47
電力市場の自由化, 6, 47, 52
電力使用制限令, 2, 166
電力貯蔵システム, 24

統合評価モデル, 190
同時同量, 40, 51
トリチウム, 93

■ な行

内燃機関, 21

二酸化炭素を回収, 貯留, 76
二次エネルギー, 21
2度目標, 193, 198

ネガワット取引, 174
ネクサス, 213
熱効率, 23
ネットワーク施設, 25, 44, 49
熱力学第一法則, 23
熱力学第二法則, 23
燃料転換, 164
燃料電池自動車, 151

■ は行

バイオマス, 32, 123, 138
廃棄物発電, 124

排出権市場, 205
排出権取引, 205
バイナリー, 127
波長帯, 140
発送電分離, 48
発電原価, 105
パリ協定, 9, 169, 190, 196, 198, 199, 201

ピークオイル, 63
ピークカット, 51, 166
非在来型資源, 62
必需品, 4
費用便益比率, 194

風力, 121
賦課金, 31, 115, 117, 142
不可欠施設, 49
福島第一原発, 2, 94, 96
福島第二原発, 94
沸騰水型, 91
プルトニウム, 90
プロシューマー, 216
分散型エネルギー, 137

ベースロード, 36, 117, 135
変換効率, 21, 23, 25, 120, 140

放射強制力, 181, 182, 186, 188, 190
放射性物質, 100

■ ま行

メタン, 186
メタンハイドレード, 84
メタン発酵, 124
メルトダウン, 7, 94

元売り会社, 44

■ や行

ユニバーサルサービス, 50

洋上風力, 31, 123
揚水発電, 53
予備率, 52, 107
予防原則, 193

■ ら行

リスク, 87, 98, 99
リスク認知, 102
リスクレベル, 100
リチウムイオン電池, 141
林地残材, 123

冷却水, 91
レドックスフロー電池, 53

炉心損傷, 98
炉心溶融, 93

■ わ行

割引率, 195

MEMO

MEMO

MEMO

MEMO

著者紹介

堀　史郎（ほりしろう）　博士（学術）

京都大学大学院工学研究科修士課程修了，早稲田大学大学院社会科学研究科博士課程単位取得退学．経済産業省，九州大学教授，資源エネルギー庁，国際エネルギー機関エネルギー技術委員会副議長を経て，福岡大学教授．
著書　『地域力で活かすバイオマス』（共著）海鳥社，
　　　『東アジア環境学入門』（共著）花書院

黒沢　厚志（くろさわあつし）　博士（工学）

名古屋大学工学部卒業，東京工業大学理工学研究科修士課程修了，東京大学工学系研究科論文博士．現在，エネルギー総合工学研究所副主席研究員．九州大学招聘教授，東京農工大学非常勤講師，東京大学協力研究員，科学技術振興機構客員研究員，新エネルギー・産業技術総合開発機構フェローを兼務．専門はエネルギーシステム工学，地球環境学，環境経済学．

ニュースが面白くなる エネルギーの読み方 *Understanding the Energy Transition* 2016年6月25日　初　版1刷発行	著　者　堀　史郎・黒沢厚志　 ⓒ 2016 発行者　南條光章 発行所　**共立出版株式会社** 　　　　〒112–0006 　　　　東京都文京区小日向4丁目6番地19号 　　　　電話　03–3947–2511（代表） 　　　　振替口座　00110–2–57035 　　　　URL http://www.kyoritsu-pub.co.jp/ 印　刷 製　本　藤原印刷

検印廃止
NDC　501.6
ISBN 978–4–320–00597–6

一般社団法人
自然科学書協会
会員

Printed in Japan

[JCOPY] ＜出版者著作権管理機構委託出版物＞

本書の無断複製は著作権法上での例外を除き禁じられています．複製される場合は，そのつど事前に，出版者著作権管理機構（TEL：03–3513–6969，FAX：03–3513–6979，e-mail：info@jcopy.or.jp）の許諾を得てください．

見つかる（未来），深まる（知識），広がる（世界）

共立 スマート セレクション

本シリーズでは，自然科学の各分野におけるスペシャリストがコーディネーターとなり，「面白い」「重要」「役立つ」「知識が深まる」「最先端」をキーワードにテーマを精選しました。第一線で研究に携わる著者が，自身の研究内容も交えつつ，それぞれのテーマを面白く，正確に，専門知識がなくとも読み進められるようにわかりやすく解説します。日進月歩を遂げる今日の自然科学の世界を，気軽にお楽しみください。

【各巻：B6判・並製本・税別本体価格】
（価格は変更される場合がございます）

❶ 海の生き物はなぜ多様な性を示すのか
―数学で解き明かす謎―
山口　幸著／コーディネーター：巌佐　庸
目次：海洋生物の多様な性／海洋生物の最適な生き方を探る／他　176頁・本体1800円

❷ 宇宙食 ―人間は宇宙で何を食べてきたのか―
田島　眞著／コーディネーター：西成勝好
目次：宇宙食の歴史／宇宙食に求められる条件／NASAアポロ計画で導入された食品加工技術／他……126頁・本体1600円

❸ 次世代ものづくりのための電気・機械一体モデル
長松昌男著／コーディネーター：萩原一郎
目次：力学の再構成／電磁気学への入口／電気と機械の相似関係／物理機能線図…………………200頁・本体1800円

❹ 現代乳酸菌科学 ―未病・予防医学への挑戦―
杉山政則著／コーディネーター：矢嶋信浩
目次：腸内細菌叢／肥満と精神疾患と腸内細菌叢／乳酸菌の種類とその特徴／乳酸菌のゲノムを覗く／他…142頁・本体1600円

❺ オーストラリアの荒野によみがえる原始生命
杉谷健一郎著／コーディネーター：掛川　武
目次：「太古代」とは？／太古代の生命痕跡／現生生物に見る多様性と生態系／謎の古代大型微化石／他……248頁・本体1800円

❻ 行動情報処理 ―自動運転システムとの共生を目指して―
武田一哉著／コーディネーター：土井美和子
目次：行動情報処理のための基礎知識／行動から個性を知る／行動から人の状態を推定する／他…………100頁・本体1600円

❼ サイバーセキュリティ入門
―私たちを取り巻く光と闇―
猪俣敦夫著／コーディネーター：井上克郎
目次：インターネットにおけるサイバー攻撃／他……………240頁・本体1600円

❽ ウナギの保全生態学
海部健三著／コーディネーター：鷲谷いづみ
目次：ニホンウナギの生態／ニホンウナギの現状／ニホンウナギの保全と持続的利用のための11の提言／他　168頁・本体1600円

❾ ICT未来予想図
―自動運転，知能化都市，ロボット実装に向けて―
土井美和子著／コーディネーター：原　隆浩
目次：ICTと社会とのインタラクション／自動運転システム／他　2016年7月発売予定

● 主な続刊テーマ ●

美の起源…………2016年8月発売予定
地底から資源を探す／宇宙の起源をさぐる／踊る本能／シルクが変える医療と衣料／ノイズが実現する高感度センサー／社会と分析化学のかかわり／消えた？有機EL／確率・統計数学と金融工学／フィジカル・インタラクション／ソフトウェアの開発技術／数学と材料／光合成の世界／他

（続刊テーマは変更される場合がございます）

共立出版

http://www.kyoritsu-pub.co.jp/
https://www.facebook.com/kyoritsu.pub